上海大学出版社

2005年上海大学博士学位论文 29

U0358914

电阻抗断层成像算法研究

- 作 者： 严 佩 敏
- 专 业： 通 信 与 信 息 系 统
- 导 师： 王 朔 中　莫 玉 龙

2005 年上海大学博士学位论文　29

电阻抗断层成像算法研究

作　　者：严佩敏

专　　业：通信与信息系统

导　　师：王朔中　莫玉龙

上海大学出版社

·上海·

Shanghai University Doctoral
Dissertation（2005）

The Study on Image Reconstruction Algorithm for Electrical Impedance Tomography

Candidate: Yan Peimin

Major: Communication and Information System

Supervisor: Prof. Wang Shuozhong and Mo Yulong

Shanghai University Press

· Shanghai ·

上 海 大 学

　　本论文经答辩委员会全体委员审查,确认符合上海大学博士学位论文质量要求.

答辩委员会名单:

主任: **汪源源**　教授,复旦大学　　　　　　　　200433

委员: **余松煜**　教授,上海交通大学　　　　　　200030

　　　严壮志　教授,上海大学　　　　　　　　200072

　　　王佐民　教授,同济大学　　　　　　　　200433

　　　张兆扬　教授,上海大学　　　　　　　　200072

导师: **王朔中**　教授,上海大学　　　　　　　　200072

答辩委员会对论文的评语

电阻抗成像（EIT）具有功能成像的优点，对人体无害、使用方便、成本较低，严佩敏的博士论文研究了电阻抗成像（EIT）的算法，有重要的学术意义和良好的应用前景.

论文以提高图像空间分辨率和成像精度为目标，着重研究 EIT 的重建算法. 主要创新成果有：

（1）提出一种基于阻抗异变的自适应网格逐级细分法，在计算量增加不多的情况下提高了局部成像的分辨率.

（2）利用指数加权矩阵使目标函数最小化，达到减小重建问题病态性，加快收敛速度的目的，其性能优于常规 Tikhonov 方法.

（3）通过修正非线性共轭梯度迭代法，提高了计算效率并改善了图像重建稳定性.

（4）改进了敏感系数矩阵的动态 EIT 图像重建算法，通过对敏感系数作阈值正则化处理，降低由较小奇异值引起的误差.

论文立论正确、论据充分；结构合理，表达通顺；实验方法合理，结果可信，表明作者有宽广坚实的基础理论和专门深入的专业知识，独立科研工作能力强. 在答辩中思路清晰，回答问题正确.

答辩委员会表决结果

答辩委员会经无记名投票表决，一致通过博士论文答辩，并建议授予工学博士学位.

答辩委员会主席：汪源源

2005 年 6 月 3 日

摘　要

医学电阻抗断层成像技术能充分利用人体阻抗所携带的丰富生理和病理信息实现功能成像,因对人体检测无创无害而成为医学成像研究热点. EIT 图像重建是具有严重病态的非线性逆问题,这是 EIT 技术的关键和难点.论文以提高图像空间分辨率和成像精度为目标,着重研究 EIT 图像重建算法.首先提出了基于网格单元阻抗梯度变化的自适应网格细分法,将细分网格与一般均匀网格的成像性能进行比较.接着从不同角度提出了几种 EIT 逆问题求解改进算法,并进行性能分析.理论分析和实验结果表明所提出方法的有效性和优越性.论文最后对复阻抗成像及独立变量分析在阻抗成像中的应用进行了初步探讨.

主要创新性成果如下:

(1) 用 FEM 进行 EIT 正问题分析时,网格数既不能太少又不能太多.针对这一情况提出了一种自适应网格细分的 EIT 图像重建方法.先以粗分网格用有限元法进行阻抗图像重建,初步确定阻抗异变区域,再对此区域逐级进行细分,直至达到可接受的精度.这样既提高了局部成像的精度,又节省了存储空间.

(2) 在基于 Tikhonov 正则化的修正 Newson-Raphson (MNR) 传统重建算法中,由于未充分考虑阻抗图像本身的特性而任意选取正则化因子,往往使 EIT 重建质量不够满意.论文基于指数加权矩阵提出一种使目标函数最小化的重建算法,通过减小 Hessian 矩阵的条件数来减小 EIT 成像的病态性,加快算法的收敛速度.因为考虑了阻抗分布的自身信息,此方法与仅取单位矩阵为正则化项的 Tikhonov 正则化相比,图像重建效率得到提高.这一结论得到实验结果的验证.

(3) 在基于目标函数梯度不断迭代的正则化 MNR 重建算法中,由于有限元方法中二阶导数的计算和重复迭代正则化计算量巨大,算法实现和处理相当困难,而且稳定性较差甚至发散.本文基于 Newton 迭代思想提出一种修正的非线性共轭梯度迭代法 (non-liner conjugate gradients iteration,NLCG),通过梯度搜索完成步长迭代而无需计算二阶微分即 Hessian 矩阵,因此只需较低的存储空间,大大提高了计算效率并改善了图像重建的稳定性.该方法对大数据量运算效果明显.实验结果表明此方法在计算效率和存储性能方面均优于一般 Newton-Raphson 重建算法.

(4) 提出一种改进的敏感系数矩阵动态 EIT 图像重建法.首先对敏感矩阵进行奇异值分解,然后求出广义逆矩阵.为降低较小奇异值引起的误差,在计算广义逆矩阵以前先对敏感系数加阈值正则化处理.实验结果表明此方法的有效性.

论文还初步探讨了复阻抗成像法,分别对复阻抗的实部和虚部采用敏感系数法进行模拟成像实验,并运用独立变量分析对采集的数据进行分析,进行了模拟成像实验.

作者在研究中参与设计了 EIT 数据采集实验系统,利用该系统实现了本文提出的 EIT 图像重建算法,验证了所提出的重建方法的优越性.通过与模拟测量数据的比较,验证了硬件实验系统的可靠性.

关键词 电阻抗断层成像,图像重建,共轭梯度,正则化,奇异值分解,有限元法,独立分量分析

Abstract

Electrical impedance tomography（EIT）is a functional imaging technique, which can reveal physiological and pathological information from human body's impedance properties. The advantages such as the non-invasive modality make EIT a hot topic in the research of medical imaging. Image reconstruction in EIT is a difficult problem because of the ill-posedness and non-linearity. This dissertation mainly studies EIT image reconstruction algorithms with the aim of increasing precision and spatial resolution of EIT. An adaptive mesh refinement method based on resistivity gradients in EIT reconstruction is proposed, and its advantage over the uniformly refined mesh analyzed. From various points of view, several reconstruction methods are proposed. Their performances are checked through theoretical analysis, computer simulation and experiments. Finally preliminary studies on imaging complex conductivity distribution and reconstruction of electrical impedance tomography based on independent component analysis are carried out.

Major accomplishemnts of the dissertation include：

（1）In order to improve the solution to the forward problem in EIT based on FEM, an adaptive mesh refinement technique is introduced. Once a region of impedance change in a coarse mesh is located based on the calculated gradient, the local mesh is refined so as to achieve higher precision. This method has a major impact on obtaining an efficient solution to the forward problem, leading to the improvement in resolution quality and saving of memory space.

（2）As the regularization operator in the generalized Tikhonov approach lacks characteristics of both the object and the EIT reconstructed image, performance of the modified Newton-Raphson （MNR） algorithm is unsatisfactory in practice. In this dissertation, a reconstruction algorithm is proposed based on minimization of the augmented cost functional including the soft constraint. The algorithm is formulated under the exponentially weighted least square criteria. By reducing the condition number of a Hessian matrix, the ill-posedness is reduced. Experimental results indicate that the method given here is better than the traditional method in terms of EIT precision.

（3）The Newton-Raphson reconstruction algorithm requires second derivative since a fine mesh needs to be calculated and regularized by iteration. The algorithm tends to be lengthy, therefore unstable even divergent. An image reconstruction method for EIT based on the non-linear conjugate gradients iteration algorithm （NLCG） improved by adding a modified factor is proposed. The algorithm is computationally efficient. Stability of the EIT solution is improved because NLCG calculates resistivity steps from the gradients. Therefore reconstructed image quality is better, and the required memory size reduced as calculation of the second order derivatives is not needed. This method is effect especially for EIT with a large amount of data. Experimental results indicate that performance including stability is superior to that of the NR.

（4）A modified sensitive matrix reconstruction method for dynamic EIT is proposed. This method first uses truncated singular value decomposition（SVD）for sensitive matrix, then seeks the Moore-Penrose pseudo-iverse matrix based on a threshold factor. This method can reduce the reconstruction error. Satisfactory performance is verified with experimental results.

In addition, prilimary studies on complex EIT imaging and EIT using independent component analysis are performed, and computer simulation results are presented. Our experimental data acquisition platform has been used for collecting experimental data, upon which the experiments verifying the proposed methods have been carried out. In turn, by comparing the experimental data with the computer simulation results, reliability of the hardware system is validated.

Key words　Electrical impedance tomography, image reconstruction, conjugate gradient, regularization, singular value decomposition, finite element method, independent component analysis

目　录

第一章 绪 论

1.1 电阻抗断层成像研究的意义

电阻抗断层成像(electrical impedance tomography,简称 EIT)是通过对生物体表面的电测量来重建反映生物体内结构及组织器官功能的新颖影像技术. 自从 1976 年美国学者 Swanson 首先提出电阻抗成像方法的概念以来,EIT 技术引起了生物医学界,以至地球物理学、环境监测、无损探伤等方面极大关注[1—6]. 在生物工程方面,它与电容性断层成像(electrical capacitance tomography,简称 ECT[7])、电磁场断层成像(electromagnetic tomography,简称 EMT[8])、磁感应断层成像(magnetic induction tomography,简称 MIT[9])同属电磁场成像的范畴.

EIT 技术是根据物体内不同组织以及组织在不同功能状态下具有不同电阻抗这一原理,通过布放于体表的一系列电极作为传感器,然后给物体注入一定的电流(对人体而言需注入小的安全电流),再测量体表电位来重建物体内部的阻抗分布图像[10—11].

物体的电特性,例如电导率 σ 和介电常数 ε 在外部电场的影响下可反映出物质的特性. 例如导体具有高的电导率,交直流电流很容易通过. 而具有较大介电常数的物体,只有高频交流电才能通过.

我们考虑物体某一个二维区域 Ω. 设在频率 ω 下物体的电抗函数 Y 可表示为[3]:

$$Y(x,\omega) = \sigma(x) + j\omega\varepsilon(x) \qquad (1.1.1)$$

其中 $x \in \Omega$,物体阻抗即为 Y 的倒数. EIT 就是通过测量物体边界的

电压或电流来确定 Ω. 内部阻抗的分布, 是一个典型的逆问题. 不同的物体具有不同的电特性, 如表 1.1 和表 1.2 所示.

表 1.1　频率 10 kHz 下生物器官组织的电特性分布[12—13]

组　织	阻抗 $(1/\sigma)(\Omega \cdot cm)$	电介常数 $(\mu Fm^{-1})\varepsilon$
肺	950	0.22
肌肉	760	0.49
肝脏	685	0.49
心脏	600	0.88
脂肪	>1 000	0.18

表 1.2　岩石和液状物体的阻抗分布[14]

岩 石 或 液 体	阻抗 $(1/\sigma)(\Omega \cdot cm)$
海洋沙石	1—10
陆地沙石, 黏土石	15—20
火山岩	10—200
花岗岩	500—2 000
石灰石	50—5 000
油田中的氯化物液体	0.16
油田中的硫酸盐液体	1.2

从表中可见对物体 σ 和 ε 的描述可推断出物体内部的结构变化情况, 因而 EIT 技术作为一项成像技术在生物医学、地球物理、环境科学等方面有重要的应用. 在生物医学方面 EIT 作为一项非损伤性的成像技术应用很广, 是目前生物医学中一个较新的研究方向. 例如检测人体的肺部栓、监测呼吸紧迫症、监测心脏动脉血流情况、检测乳腺肿瘤等. 在地球学和环境科学等方面, EIT 常用于确定地下岩矿沉淀情况、检测地下储存罐泄漏、监控注入地内液体的流动情况, 应用

于石油工业或环境保护等领域[3, 15—16].

目前应用于医学成像的 EIT 空间分辨率虽然还不能与传统成像技术相提并论,但 EIT 成像机理不同于 X 射线 CT、超声成像和核磁共振(MRI)等技术.它是一种功能成像,利用生物体阻抗所携带的丰富生理和病理信息实现功能成像.EIT 在对生物体相关组织与器官的功能性变化进行检测和确定方面有很大的优势,特别适合于对相关疾病进行普查、预防、监测等医学辅助诊断.再加上它对人体检测无创伤无侵害,成像设备成本低廉、体积小、操作简便,不要求特殊的工作环境等优点,因此具有诱人的应用前景.目前 EIT 的医学应用主要有胃质流的测量、胃酸的测量、肺部栓的检测、乳房肿瘤的检测等[17—20].EIT 技术已成为 21 世纪医学成像的研究热点[3—5, 21].

另一方面,EIT 成像所需的信息量受限于体表布放的电极个数,并且其图像重建是一个严重病态的非线性逆问题.提高重建图像的空间分辨率,加快重建算法的收敛性是目前 EIT 图像重建技术中需克服的难点之一,国际上很多研究人员投入了此项研究工作,最终目的是使 EIT 技术能真正应用于医学临床辅助诊断.

1.2 EIT 研究的发展动态

阻抗成像结果最先由 Henderson 和 Webster 于 1978 发表[22].Brown 与 Barber 在 1983 年首次报道了他们构建的 EIT 实验系统[23,24].他们使用了 16 个电极,采用相邻电极注入电流方式和逆投影动态图像重建算法,给出了断层成像结果.从 80 年代至今,阻抗成像作为医学领域中一个新兴的断层成像技术,吸引了大量的研究人员.英国 Sheffield 大学开发的 MK1、MK2、MK3 系统对人体胸腔、乳腺肿瘤检测等方面已有完整的临床试验报道[25];英国的 Manchester 等 EIT 研究小组[26—29]在 EIT 的基础上发展了的电容性断层成像和感应断层成像技术(inductive tomography).韩国 Impedance Imaging Research Centre[30]致力于 Magnetic Resonance Electrical Impedance

Tomography（MREIT）技术的研究，并已开始进行实验室临床试验.英国伦敦大学临床神经生理学教研室技术研究组的负责人 David Holder 在 2004 年世界电阻抗成像大会上报道了他们进行脑部三维 EIT 研究的情况[6]；美国 Renselaer 理工学院的 EIT 研究小组[31] 在数据采集理论和方法以及图像重建算法方面做了很多有价值的工作.

国内近年来也开展了研究工作.第四军医大学的 EIT 研究小组[32] 用搭建的实验平台进行临床研究.北京航空航天大学 EIT 研究小组主要侧重于阻抗图像重建算法研究[33].重庆大学[21]、天津大学[34] 等都也有专门的研究小组.上海大学 EIT 课题组在国家自然基金资助下取得了一系列成果，包括建立实验平台和重建算法的改进及完善.

一个完整的 EIT 系统包括数据采集硬件系统与图像重建算法两部分.现分别对这两部分的进展作一个简要的回顾.

数据采集系统目前主要有三种基本形式[1]：（1）电流驱动电压测量方式，（2）电压驱动电流测量方式，（3）近年来出现的感应电流方式.电压驱动电流测量方式中需要有效地去除电极与被测物体之间接触阻抗的影响，电路结构往往非常复杂，这种模式目前已不多见.而感应电流模式虽然比较容易抑制采集数据中的噪声，电极系统设计也较简单，但成像算法的数学物理模型和系统设备相对复杂，目前还处于发展之中.电流驱动电压测量方式采用输出阻抗很大的电流源，电极对测量值的影响很小，因此多数研究小组的硬件系统都以此为基础.电流驱动电压测量方式通过在人体表面放置一定数量的电极，在选定的电极上施加由恒流源产生的特定模式的安全电流，再通过高精度采集模块测量各电极上的电压作为图像重建部分的已知信息.下面是一些较有代表性的数据采集系统.

1983 年 Barber[20] 等研制的基于外加电位断层图像法的电阻抗成像数据采集系统，采用 16 电极，将 50 kHz 的恒定电流通过模拟多路开关选择阵列依次注入到相邻电极上，在其它的电极上测量电压，然后利用逆投影法重建电导率分布.

1987 年英国 Sheffield 大学 Brown 等人[35]建立了第一个完整的 DMS (Data Measurement System, Mark I System),有 16 个激励及测量电极,采用相邻电极 5 mA p‐p、51 kHz 恒流激励,该系统信噪比为 51 dB.

美国 Wisconsin-Madison 大学 SaKamoto 等于 1987 年建立了基于物理模型的恒流激励测量系统,采用 16 个条形电极、50 kHz、1 mA p‐p 的恒流激励[36].

美国纽约 Rensselaer Polytechnic Institute 的 Cook 等于 1988 年建立了基于物理模型的自适应电流激励成像系统(Adaptive Current Tomography, ACT2)[37].该系统采用 32 电极,自适应电流 15 kHz 激励.

1991 年 Saulnier 等在 ACT2 的基础上建立了 32 电极并行激励、并行测量、并行校正及补偿的高精度、高速 DMS(ACT3)[38],激励频率 30 kHz,系统精度达 16 bit.该系对一直径 8 mm 的铜摆进行动态连续成像(铜摆在盛盐水的直径 30 cm 的容器中摆动),成像结果较好,能对铜摆进行位置定位,但铜摆图像模糊,且明显大于实际尺寸.

1995 年 Smith 等[39]在 Mark I 的基础上建立了第一个供临床基础研究用的实时 Mark II 系统,有 16 个电极,使用 20 kHz、5 mA p‐p 恒流激励,采用 16 通道并行测量、数字相敏检测(Digital Phase Sensitivity Detector, DPSD)等技术,使成像速度达到每秒 25 帧,所测阻抗数据信噪比达到 68 dB.系统用于人体胸腔得到了初步成像结果.

1998 年美国 Margaret Cheney 等[40]用基于 32 电极的多电流同时注入模式,进行了最佳注入电流模式的研究,并用系统对模拟的人体器官进行了实验,但实验效果仍不太理想.

国内第四军医大学生物医学工程系、北京航空航天大学、天津大学、上海大学、重庆大学等都在开展这方面的工作.第四军医大学与上海英迈吉东影图像设备有限公司联合研制电阻抗乳腺诊断仪(Angelplan-EIS1000),主要采用感应电流的模式,并与现有医学设备进行无缝连结进行乳腺诊断[41].

综观各系统,虽然有些已研制出实验室用的 EIT 系统,但要达到临床应用还是有一定的困难和距离.

EIT 系统中的图像重建就是把从数据采集装置获取的电压值转化为被测组织阻抗图像的过程. 根据要求和实现方法的不同,重建出来图像可分为阻抗图像,或者是阻抗的变化图像. 反映组织绝对阻抗分布的断层图像叫静态 EIT 成像,又称为解剖成像;反映组织阻抗变化的图像叫动态 EIT 成像. 静态 EIT 成像对采集数据的误差特别敏感,再加上人体的数学模型还不够完善,同时又为非线性,因而重建图像的精度和空间分辨率较低. 而动态 EIT 的电压测量时的误差可以部分抵消,又由于动态成像对阻抗变化进行成像,在相对变化值较小的情况下,可以用线性模型来近似描述阻抗分布情况,因而相对于静态成像而言,算法发展较快,重建图像的效果比静态 EIT 好一些. EIT 图像的重建是一个求逆问题的过程,从理论分析的角度出发,又可把重建过程分为统计求逆法和确定求逆法. 统计求逆法是根据概率统计的原理,通过贝叶斯理论,利用求解最大后验概率或最小均方误差等方法获得逆问题的解,它需要有一定的先验信息进行求解. 确定求逆法通过一定的重建模型进行求解逆问题,它往往对被测物体区域先建立有限元离散模型,然后进行逆问题求解[42−44]. 在实际使用中,往往把这两种方法结合起来考虑以获得更佳的 EIT 重建图像. 下面简单介绍几种有效的算法.

1.2.1　单步 EIT 图像重建法

单步 EIT 图像重建法(Single-step method) 仅适用于动态成像,是相对于迭代算法而言的,它无需反复迭代计算,当然也并非一步计算就能完成图像重建. 它属于线性算法,故可用线性式 $\rho = WV$ 表示,其中矩阵 W 代表了重建算子(Reconstruction operator);但 W 的元素较难选择. 单步 EIT 图像重建方法很多,可大致分成逆投影法(Back-projection method)和敏感系数矩阵法 (Sensitivity matrix method)

两类.

1.2.1.1 逆投影法

逆投影法又叫总和法,是大多数 CT 图像重建的基础. 在 EIT 中应用逆投影技术是 Barber 等人于 1983 年首先设计出来的,其基本原理是将两条等位线间的电位差 ΔV 通过一定的算法进行变换处理,在变换后的区域内逆投影为两条等位线间内部区域的阻抗值变化 $\Delta\boldsymbol{\rho}$. 这个过程是沿平行线进行的,同时要求计算逆投影处理的系数,并且对每个像素进行加权处理以补偿逆投影线角度分布的不规则[20],即:

$$\Delta\boldsymbol{\rho} = \sum_j w_j \Delta \boldsymbol{V}_j \qquad (1.2.1)$$

其中 w_j 为像素点的逆投影处理系数,j 为第 j 对电压测量电极.

Bayford 在 1994 年描述了另一种处理方法,它是在逆投影前先对周边电场进行滤波处理,把重建过程看成是一个有约束条件的最优化过程,即通过对被相邻等位线包围的区域的进行测量来获得滤波函数[45].

逆投影法的优点是数学模型简单,物理概念清晰,重建算法易实现,可实现对动态 EIT 的图像重建. 但实际上成像精度并不理想,分辨率很低,难以满足临床要求[46]. 这主要是因为实际中心区和边缘部分电流分布不同,且 EIT 的投影路径也并不总是平行的,甚至不是直线的,所以在逆投影前或逆投影后有必要对测量结果进行滤波处理,而滤波器设计相当复杂,使重建图像的分辨率很低.

1.2.1.2 敏感系数矩阵法

利用敏感系数矩阵的单步重建技术对区域内阻抗变化进行动态成像,又称 NOSER 重建法(Newton one-step reconstruction),是基于 Newton-Raphson 算法的一种,它仍属于线性算法[17,47]. 基于 Geselowitz[48] 和 Lehr[49] 推导的敏感定理,在被测区域阻抗变化很小的情况下,区域内部阻抗对数的变化量 r 与区域外围电压变化 $\boldsymbol{V}$ 近似成线性关系,即:

$$V = S \cdot \Delta r \qquad (1.2.3)$$

其中 S 是敏感系数矩阵.

重建图像就是对敏感系数矩阵求逆, 即:

$$\Delta r = S^+ \cdot \Delta V \qquad (1.2.4)$$

其中 S^+ 是敏感系数矩阵 W 的 Moore-Penrose 广义逆阵[50].

确定 S 的方法有直接敏感定理法和有限元一阶逼近法等. 也可以对敏感矩阵进行奇异值分解, 然后通过用电极电压加权一组不同的独立"基像"来得到重建结果[43, 51—52]. 由于 EIT 图像重建的病态性, 敏感矩阵 W 往往是病态的, 因此发展了很多正则化敏感矩阵, 如最大后验正则化重建法[53—56]等, 使图像质量得到进一步改善.

应用正则化敏感系数重建算法对动态 EIT 有较好的鲁棒性, 是目前动态成像的主要算法之一. 当然, 由于线性化近似, 使图像重建精度难以达到较满意的程度.

1.2.2　EIT 图像重建中的迭代算法

迭代算法主要用于静态图像重建, 当然亦可用于动态图像, 如共轭梯度算法等[57,42]. 迭代法的基本步骤是:

（1）选择电阻分布的初始值.

（2）根据初始值求解正问题. 常用有限元算法来求解 EIT 的正问题.

（3）利用正问题的解估计电阻分布.

（4）调整估计值, 重复以上各步, 直到测量电压和预期电压之间的误差满足一定要求.

总的说来, 大多数的迭代算法都是 Newton-Raphson 算法的改进[58—61]. 同其他重建算法相比, Newton-Raphson 算法可以得到较高的精度和空间分辨率, 被认为是目前较有效的一种静态 EIT 图像重建.

目前对活体还没有得到满意的静态成像结果. 主要原因一是对

成像目标组织需要有较准确的物理模型,同时还应考虑电极在皮肤上放置的位置、电极形状和皮肤—电极间的接触电阻;二是迭代算法对噪声和测量误差特别敏感,微小的扰动就会使迭代过程发散[62]. 虽然人们发展了很多正则化迭代算法[63—65],增强了重建算法的鲁棒性,但 EIT 成像系统中的严重病态性仍不能很好地克服,至今还没能获得真正有价值的活体静态阻抗成像结果.

目前许多研究人员正从各方面研究更完善的 EIT 图像重建算法,如最小二乘法[66],基于人工神经网络的重建算法[67—68],基于遗传算法的重建算法[69—71],基于共轭梯度的重建算法[42,72]等. 总之,人们希望通过算法的改进使 EIT 成像系统更加完善以便早日应用于医疗诊断中.

1.3 主要研究内容

论文以提高图像的空间分辨率和成像精度为目标,着重研究 EIT 图像的重建算法. 首先讨论 EIT 图像重建的数理模型,分析图像重建中所需进行的正问题求解方法,针对常用的有限元网格剖分方法,提出了基于网格单元阻抗梯度变化的自适应网格细分法,并对采用一般均匀网格与细分网格成像性能进行比较. 论文接着从不同的角度,针对 EIT 逆问题求解中存在的不足之处,提出几种改进的 EIT 逆问题求解算法,并进行相应的性能分析和比较. 利用课题组设计的 EIT 数据采集实验系统,分别给出实验结果和计算机模拟结果,表明本论文中提出方法的有效性和优越性. 最后探讨了复阻抗成像问题及独立变量分析在阻抗成像中的应用.

论文的主要创新点在于:

(1) EIT 中用有限元方法进行正问题分析时网格数既不能太少又不能太多的问题,提出自适应网格细分法,对阻抗异变区域采用细分网格进行图像重建. 首先用粗网格进行有限元阻抗图像重建,在初步确定阻抗异变区域后再对此区域进行逐级细分,直至达到一定的精度. 这样既提高了图像重建精度, 又节省了存储空间.

(2) 在应用 Tikhonov 正则化的修正 Newson-Raphson (MNR) 传统重建算法中, 正则化因子采取任意取值的方法, 没有充分考虑阻抗图像本身的特性, 因此算法性能和重建图像精度不够满意. 本论文提出一种基于指数加权矩阵正则化的图像重建算法, 在 Hessian 矩阵中加入随迭代数而变的收敛因子, 通过减小 Hessian 矩阵的条件数来改善 EIT 的病态性, 加快算法的收敛速度. 由于考虑到阻抗分布的自身信息, 比起仅取单位矩阵为正则化项的 Tikhonov 正则化方法来, 有效地提高了重建效率. 该方法的有效性得到了实验的验证.

(3) 在基于目标函数梯度信息进行迭代的正则化 MNR 重建算法中, 由于有限元计算、二阶导数和重复迭代正则化的计算, 图像重建过程计算量极大, 特别是对大数据量的成像系统, 算法实现和处理相当困难, 而且稳定性差, 甚至发散. 本文基于 Newton 迭代思想提出非线性共轭梯度的迭代算法(non-liner conjugate gradients iteration, NLCG), 通过梯度搜索完成步长的迭代. 这一算法无需计算二阶微分 (Hessian 矩阵), 因此需要的存储空间较小, 可大大提高计算效率, 并改善图像重建过程的稳定性. 尤其对大数据量运算有明显的效果. 实验结果表明此方法计算效率和存储性能优于一般的 Newton-Raphson 重建算法.

(4) 提出一种基于改进敏感系数矩阵法的动态 EIT 图像重建新方法. 先通过对敏感矩阵进行奇异值分解, 为了降低较小奇异值引起的误差, 根据一个阈值对特征值进行不同加权, 实现正则化处理, 然后再计算广义逆阵. 该方法提高了中心区域的阻抗变异灵敏度, 成像效果得到改进. 实验结果表明了这一方法的有效性.

作为进一步研究的基础, 本文对复阻抗成像进行了初步探讨, 分别对复阻抗的实部和虚部采用敏感系数法进行模拟成像实验. 此外还运用独立变量分析的方法对采集的数据进行分析及模拟成像实验.

结合本文提出的 EIT 图像重建算法, 采用了课题组设计的 EIT 数据采集实验系统, 实现并验证了所提出几种重建方法的优越性. 通过与模拟测量数据进行比较,也证明了所设计硬件系统性能良好,对于 EIT 算法研究具有积极意义.

整篇论文共分七章,阐述了 EIT 成像系统的重建算法.第一、二两章简要概括了电阻抗成像技术的进展及基本原理.针对已有算法的某些不足,从第三章起分别提出了几种改进方法,其中第三章提出了一种基于指数加权矩阵正则化的重建算法,第四章提出了采用共轭梯度进行图像的重建方法,第五章提出了一种基于阈值改正则化的敏感系数动态 EIT 重建方法.同时通过性能分析及实验测试,验证了所提重建算法的优越性,第六章对复阻抗成像进行了初步探讨.最后对论文进行了归纳总结,指出并分析了存在的问题,并对今后的进一步研究做了展望.

第二章　电阻抗断层成像概述

电阻抗断层成像技术是通过对物体的边界测量估计物体内部阻抗分布的新颖断层成像技术. 它在物体表面安置一系列电极并施加一定幅度的电流,然后通过数据采集硬件采集到一组测量电压,由相应的重建算法重构出物体内部的阻抗分布[73-75]. 一个完整的 EIT 实验系统如图 2.1 所示.

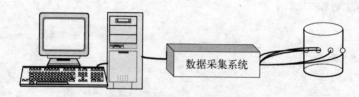

图 2.1　EIT 实验系统

一个 EIT 系统包含数据采集硬件系统和图像重建算法两大部分. 本章先从 EIT 图像重建的数理模型出发,叙述 EIT 中有限元(FEM)求解"正"问题的方法,接着论述"逆问题"的求解原理及主要方法,最后介绍课题组设计的数据采集硬件系统.

2.1　EIT 图像重建的数理模型

生物组织体内的电磁场分布满足 Maxwell 方程组. 由于生物组织的磁导率很低,其磁场效应可忽略不计,因此在 EIT 问题中只考虑电场分布[76].

$$E = -\nabla \Phi \qquad (2.1.1)$$

其中 E 为电场强度分布,Φ 为电位分布,∇ 为梯度算子.

对生物组织电特性的研究表明,在频率为 10 kHz—1 MHz 范围内,生物体的纯电阻特性比电介质特性大许多,因而为讨论问题方便起见,假定生物组织为各向同性纯电阻介质,则根据欧姆定律有:

$$J = \rho^{-1} \cdot E \qquad (2.1.2)$$

其中 ρ 为电阻率,J 为电流密度,则式(2.1.2)又可表示为:

$$J = -\rho^{-1} \cdot \nabla \Phi \qquad (2.1.3)$$

若对被测区域 A 施加 50 kHz 左右的安全电流,而人体内部没有这种 50 kHz 左右频率的电流源,则有:

$$\nabla \cdot J = 0 \qquad (2.1.4)$$

根据上式可推导出人体内部内部电阻率分布(以后简称阻抗分布)与电位分布 Φ 满足 Laplance 方程:

$$\nabla \cdot (\rho^{-1} \cdot \nabla \Phi) = 0 \qquad (2.1.5)$$

Dirichlet 边界条件为:

$$\Phi = V_0 \quad \text{on} \quad \partial A \qquad (2.1.6)$$

Neumann 边界条件为:

$$\rho^{-1} \frac{\partial \Phi}{\partial n} = J_0 \quad \text{on} \quad \partial A \qquad (2.1.7)$$

其中 V_0、J_0 是边界处的电位和电流密度,∂A 为被测区域 A 的边界,$\frac{\partial \Phi}{\partial n}$ 为沿 ∂A 的外法向梯度.

EIT 成像问题就是从已知边界处的 V_0 和 J_0 数据重建被测区域的阻抗图像分布,它是数学物理中的一个典型"逆"问题(Inverse problem),可借助于正问题求解[1]. 图 2.2 给出了它们之间的关系.

事实上,在求解一个具体问题时,既涉及求解"逆"问题,又涉及求解"正"问题. 而且,由于组织中阻抗分布的复杂性,两类问题的求

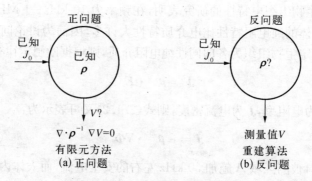

图 2.2　EIT 图像重建的两类问题

解已超出了单纯用欧姆定律就能求解的范围,它涉及空间电磁场分布,甚至不能用解析式表达,使 EIT 图像重建成为一个非线性数学问题.由于生物组织的阻抗分布非常复杂,空间电磁场分布亦很不规则,因而在实际处理时通常需要用"解正问题最优化"的方式通过迭代计算来实现图像重建.即先假定已知阻抗分布,在施加一定的激励电流后求解正问题,计算出初始电位分布.然后再根据边界条件,通过不断迭代,修改阻抗分布直至满足一定条件,最终求出未知阻抗分布的重建图像.

　　Barber 于 1983 年提出了一个 EIT 图像重建的简化近似线性模型[12],其基本出发点就是把复杂的非线性问题在一定的条件下近似为线性问题,原理如下:

　　将公式(2.1.5)式中的 $\boldsymbol{\rho}^{-1}$ 用电导率 $\boldsymbol{\sigma}$ 表示,则式(2.1.5)可写为:

$$\nabla \cdot (\boldsymbol{\sigma} \cdot \nabla \boldsymbol{\Phi}) = 0 \qquad (2.1.8)$$

对上式展开得:

$$\nabla^2 \boldsymbol{\Phi} = -\frac{1}{\sigma} \nabla \boldsymbol{\sigma} \cdot \nabla \boldsymbol{\Phi} \qquad (2.1.9)$$

令 $\boldsymbol{R} = -\ln \boldsymbol{\sigma}$,则得:

$$\nabla^2 \boldsymbol{\Phi} = \nabla R \cdot \nabla \boldsymbol{\Phi} \qquad (2.1.10)$$

设若 $\boldsymbol{\Phi}_R$ 是方程(2.1.10)的解,则当 R 变化至 $R+r$ 时,方程(2.1.10)的解即为 $\boldsymbol{\Phi}_R + \boldsymbol{\Phi}_r$,这样方程(2.1.10)可写成:

$$\nabla^2 \boldsymbol{\Phi}_R + \nabla^2 \boldsymbol{\Phi}_r = (\nabla R + \nabla r) \cdot \nabla \boldsymbol{\Phi}_R +$$
$$(\nabla R + \nabla r) \cdot \nabla \boldsymbol{\Phi}_r \qquad (2.1.11)$$

假定电导率变化很小,则 $\boldsymbol{\Phi}_r$ 与 $\boldsymbol{\Phi}_R$ 相比而言就很小,方程(2.1.11)则可近似为:

$$\nabla^2 \boldsymbol{\Phi}_R + \nabla^2 \boldsymbol{\Phi}_r = (\nabla R + \nabla r) \cdot \nabla \boldsymbol{\Phi}_R \qquad (2.1.12)$$

即:

$$\nabla^2 \boldsymbol{\Phi}_r = \nabla r \cdot \nabla \boldsymbol{\Phi}_R \qquad (2.1.13)$$

从公式(2.1.13)中可以看出,电导率对数的变化与电压的变化呈线性关系,若

$$\nabla^2 \boldsymbol{\Phi}_{r_1} = \nabla r_1 \cdot \nabla \boldsymbol{\Phi}_R \qquad (2.1.14)$$

和

$$\nabla^2 \boldsymbol{\Phi}_{r_2} = \nabla r_2 \cdot \nabla \boldsymbol{\Phi}_R \qquad (2.1.15)$$

成立,则有:

$$\nabla^2 (\boldsymbol{\Phi}_{r_1} + \boldsymbol{\Phi}_{r_2}) = \nabla(r_1 + r_2) \cdot \nabla \boldsymbol{\Phi}_R \qquad (2.1.16)$$

这样可利用线性化的图像重建模型进行阻抗成像的求解,近似式可表示为:

$$\Delta \boldsymbol{\Phi} = S \cdot \Delta r \qquad (2.1.17)$$

其中 $\Delta r = -\ln(\Delta \sigma)$ 为电导率对数的变化,$\Delta \boldsymbol{\Phi}$ 为电压的变化,S 为线性敏感系数.

根据上述线性化模型设计的 EIT 图像重建算法包括等位线逆投影法,敏感系数法等,一般具有较好的鲁棒性,适合于反映阻抗变化

的动态成像. 但由于采用了线性化模型, 要求阻抗值变化必须在一定的范围内, 在实际使用中有一定的局限性. 事实上生物体本身具有非线性, 同时由于电极接触电阻的影响等, 当阻抗值变化很小时在体表测量时获得的变化电压很难反映出这微弱的阻抗变化, 从而使重建图像的精度较差. 因此广泛采用的 EIT 图像重建模型仍是方程 (2.1.5)—(2.1.7)描述的模型. 虽然如此, 线性化模型仍不失为近似求解 EIT 逆问题的简化方法. 当然, 针对存在的问题亦有许多改进的方法提出. 在动态成像中, 许多系统仍采用线性化的模型进行阻抗成像.

2.2　EIT 图像重建中正问题的有限元分析法

由于生物体内结构的多元性和复杂性, 以及电极的接触电极, 采集系统的精度限制、误差噪声的干扰等, EIT 图像重建过程呈现为非线性及复杂性, 所以在实际处理中往往要作一些近似. 因为 EIT 图像重建的正问题求解一般采用数值方法, 有限元法 (Finite element method, FEM) 就是采用较多的一种有效方法[74,77−79]. 有限元法不仅具有通用性, 而且逼近性能好, 因此在绝大多数 EIT 图像重建过程中用 FEM 求解正问题. 这种方法实际上是将组织分成很多小区域, 假定每个小区域内阻抗不变, 于是可用一电阻网络来表示组织的阻抗分布. 当区域尺寸趋于无穷小时, 有限元方法的结果收敛于组织阻抗的真实分布. 下面简述二维 EIT 有限元分析方法.

有限元法以变分原理为基础, 其实质是把复杂的微分计算问题转换成代数问题 (即线性方程), 通过有限元插值函数的选取和增加有限元的剖分密度可得到满意的计算精度[80−83]. 有限元法步骤如下:

(1) 给出与待求边界值问题对应的泛函及其等价的变分问题.

(2) 应用有限元剖分场域, 把 EIT 图像剖分成 m 个三角单元并选取相应的插值函数.

(3) 把变分问题离散化为多元函数极值问题, 导出一组联立代数方程(有限元方程).

(4) 求解有限元方程.

(5) 在求得每个单元的解后,迭加成总的解,从而求得正问题的解.

考察一个被测物体内的二维成像区域 A,将 A 剖分为 m 个三角单元,每个三角单元如图 2.3 所示. m 的大小受限于外围边界的电极个数 E,应满足 $m \leqslant N = E(E-3)/2$,其中 N 为独立测量次数. 假设三角单元的阻抗为 ρ,当剖分单元数 m 足够多时,可选用简单的线性插值函数来近似求解场变量电位 $\boldsymbol{\Phi}$ 的分布:

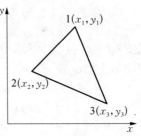

图 2.3　三角形单元

$$\boldsymbol{\Phi}(x, y) = \alpha_1 + \alpha_2 x + \alpha_3 y \qquad (2.2.1)$$

把三节点处的电压值 V_1、V_2、V_3 代入公式(2.2.1),可得:

$$V_1 = \boldsymbol{\Phi}(x_1, y_1) = \alpha_1 + \alpha_2 x_1 + \alpha_3 y_1$$
$$V_2 = \boldsymbol{\Phi}(x_2, y_2) = \alpha_1 + \alpha_2 x_2 + \alpha_3 y_2$$
$$V_3 = \boldsymbol{\Phi}(x_3, y_3) = \alpha_1 + \alpha_2 x_3 + \alpha_3 y_3 \qquad (2.2.2)$$

然后由式(2.2.2)可解出系数 α_1,α_2 和 α_3 的值

$$\alpha_1 = \frac{a_1 V_1 + a_2 V_2 + a_3 V_3}{2\Delta}$$

$$\alpha_2 = \frac{b_1 V_1 + b_2 V_2 + c_3 V_3}{2\Delta}$$

$$\alpha_3 = \frac{c_1 V_1 + c_2 V_2 + c_3 V_3}{2\Delta} \qquad (2.2.3)$$

其中 $\Delta = \dfrac{x_2 y_3 - x_3 y_2 + x_3 y_1 - x_1 y_3 + x_1 y_2 - x_2 y_1}{2}$ 是三角形的面积,$a_1 = x_2 y_3 - x_3 y_2$,$b_1 = y_2 - y_3$,$c_1 = x_3 - x_2$,$a_2 = x_3 y_1 - x_1 y_3$,

$b_2 = y_3 - y_1$，$c_2 = x_1 - x_3$，$a_3 = x_1 y_2 - x_2 y_1$，$b_3 = y_1 - y_2$，$c_3 = x_2 - x_1$.

将系数 a_1、a_2、a_3 代入式(2.2.1)，得，

$$\boldsymbol{\Phi}(x,y) = V_1 f_1(x,y) + V_2 f_2(x,y) + V_3 f_3(x,y) \quad (2.2.4)$$

式中，$f_i(x,y)$ 为无量纲的线性插值函数，它取决于单元的形状及其相应节点的配置.

$$f_i(x,y) = \frac{a_i + b_i x + c_i y}{2\Delta}, \ i = 1,2,3 \quad (2.2.5)$$

根据变分原理，将 EIT 图像的重建模型化为求以下泛函的极小值问题：

$$\Pi = \frac{1}{2} \iint_A (\rho^{-1}) \left[\left(\frac{\partial \Phi}{\partial x} \right)^2 + \left(\frac{\partial \Phi}{\partial y} \right)^2 \right] dA - \int_{\partial A} J_0 \Phi ds \quad (2.2.6)$$

经过 FEM 方法将问题离散化后，(2.2.6)式变为：

$$\Pi = \sum_{j=1}^{m} \pi_j = \sum_{j=1}^{m} \left\{ \frac{1}{2} \iint_{A_j} (\rho^{-1}) \left[\left(\frac{\partial \boldsymbol{\Phi}}{\partial \boldsymbol{x}} \right)^2 + \left(\frac{\partial \boldsymbol{\Phi}}{\partial \boldsymbol{y}} \right)^2 \right] dA - \int_{\partial A_j} \boldsymbol{J}_0 \boldsymbol{\Phi} ds \right.$$

$$(2.2.7)$$

其中，m 为有限元的个数，对每一个单元 π_j 可表示为：

$$\pi_j = \frac{1}{2} \boldsymbol{\Phi}_j^{\mathrm{T}} \boldsymbol{Y}_j \boldsymbol{\Phi}_j - \boldsymbol{\Phi}_j^{\mathrm{T}} \boldsymbol{J}_j \quad (2.2.8)$$

$\boldsymbol{Y}_j$ 为三角单元的导纳矩阵，其元素 y_{ij} 为：

$$y_{ij} = \frac{1}{\rho_e} \iint_A \left(\frac{\partial f_i}{\partial x} \cdot \frac{\partial f_j}{\partial x} + \frac{\partial f_i}{\partial y} \cdot \frac{\partial f_j}{\partial y} \right) dA \quad (2.2.9)$$

将式(2.2.5)代入式(2.2.9)，最后得到单元导纳矩阵 $\boldsymbol{Y}_j$ 的元素 y_{ij}：

$$y_{ij} = \frac{1}{4\rho_e \Delta}(b_i b_j + c_i c_j), \quad i,j = 1,2,3 \qquad (2.2.10)$$

三角单元的节点方程为:

$$\begin{bmatrix} y_{11} & y_{12} & y_{13} \\ y_{21} & y_{22} & y_{23} \\ y_{31} & y_{32} & y_{33} \end{bmatrix} \begin{bmatrix} \Phi_1 \\ \Phi_2 \\ \Phi_3 \end{bmatrix} = \begin{bmatrix} C_1 \\ C_2 \\ C_3 \end{bmatrix} \qquad (2.2.11)$$

其中 $\boldsymbol{\Phi}_i(i=1,2,3)$ 为节点电位,$C_i(i=1,2,3)$ 为流入节点的电流. 在求得每个单元的单元矩阵后,叠加成总矩阵 $\boldsymbol{Y}$,当然叠加的规则是各单元连接处节点场值的变化相同. 总的线性系统方程组为:

$$\boldsymbol{Y}\boldsymbol{\Phi} = \boldsymbol{C} \qquad (2.2.12)$$

其中 $\boldsymbol{Y}$ 是 $K \times K$ 维的矩阵,K 是有限元网格中节点的总数,$\boldsymbol{\Phi}$、$\boldsymbol{C}$ 都为 $K \times 1$ 维的向量,最后代入已知条件 $\boldsymbol{C}$,规定一个节点为参考零点,即可求得正问题的解:

$$\boldsymbol{\Phi} = \boldsymbol{Y}^{-1}\boldsymbol{C} \qquad (2.2.13)$$

2.3 EIT 图像重建中的逆问题与正则化

EIT 图像重建的逆问题可表示为在已知测量值 V 条件下求阻抗图像分布,图 2.4 给出 EIT 逆问题求解的主要的重建方法. 主要分为概率统计求逆方法[84—85],线性求逆方法[43,86—88]和非线性求逆方法[89—91].

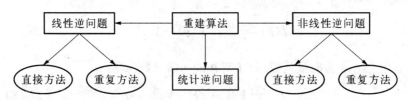

图 2.4 EIT 的重建算法

统计方法主要是从概率论角度考虑如何求解逆问题,利用 Bayes 估计理论,采用最小均方误差估计(minimum mean square,MS)、最大似然比估计(maximum likelihood,ML)等方法求解逆问题. 线性方法主要解决线性逆问题的求解,EIT 中常又称为动态成像. 它可分为直接法(如单步正则化重建法、敏感系数法、等位线逆投影法等),以及重复迭代法(如共轭梯度算法等). 非线性算法主要解决非线性逆问题,EIT 中常又称为静态成像,主要采用重复迭代算法,如 Newton-Raphson 算法等. 对二维成像问题,亦有人提出直接法,但很少被采用,在三维成像中几乎不采用. 线性方法与非线性方法又统称为确定方法. 与统计概率方法相比,确定方法主要考虑采用被测物体区域内的近似模型,即常用有限元(FEM)方法对被测物体进行离散化后获得的模型进行逆问题求解. 统计方法从概率统计的角度求解逆问题,不采用近似的 FEM 模型,当然它必须要有一些先验信息才能求解逆问题. 事实上,二者往往结合在一起使用而不加区分. 在统计概率方法求解最小化问题中. 加入有限元离散模型,或者在确定方法求逆中,加入一些先验信息,则对求解逆问题都有很大的帮助.

由于 EIT 图像重建的病态性,正则化处理技术必不可少. MNR 算法是目前较有效的静态 EIT 成像算法之一,因而被广泛应用[92]. 本节先扼要介绍正则化 MNR 迭代算法. 有关动态成像的常用算法以及改进算法在第五章详细介绍.

假定 $\boldsymbol{V}_0$ 为 n 次测量的电压数据向量,$\boldsymbol{F}$ 为正问题求解过程中 m 个阻抗分布向量 $\boldsymbol{\rho}$ 对 n 次测量电压向量的映射,其中 $n \geqslant m$. 定义目标函数:

$$f(\boldsymbol{\rho}) = \frac{1}{2} \| \boldsymbol{F}(\boldsymbol{\rho}) - \boldsymbol{V}_0 \|^2 \qquad (2.3.1)$$

其中 $\| \cdot \|$ 为向量范数. 令 f 对 $\boldsymbol{\rho}$ 的一阶导数为零:

$$f' = [\boldsymbol{F}']^{\mathrm{T}} \cdot [\boldsymbol{F} - \boldsymbol{V}_0] = 0 \qquad (2.3.2)$$

其中:

$$[F']_{ij} = J = \frac{\partial F_i}{\partial \rho_j}(i = 1, 2, \cdots, n,\ j = 1, 2, \cdots, m) \quad (2.3.3)$$

为 Jocobian 矩阵.

将 f' 作 Taylor 级数展开,得:

$$f' \approx f'(\rho) + f''(\rho) \cdot \Delta\rho \quad (2.3.4)$$

其中 $f''(\rho)$ 是 f 对 ρ 的二阶导数. 若忽略二阶导数项 $f''(\rho)$,则

$$f'' = H = [F']^T \cdot [F'] \quad (2.3.5)$$

称 Hessian 矩阵.

综合上述各项可得到 MNR 算法中的迭代步长:

$$\Delta\rho = -\{[F']^T \cdot F'\}^{-1} \cdot [F']^T \cdot [F - V_0]$$
$$= -[H]^{-1} \cdot [F']^T \cdot [F - V_0] \quad (2.3.6)$$

算法实现过程为:先假定一个初始的阻抗分布 ρ^k,计算目标函数.若大于设定的阈值,则更新阻抗分布:

$$\rho^{k+1} = \rho^k + \Delta\rho^k \quad (2.3.7)$$

不断重复这一过程,直到求解的阻抗分布变化很小,即满足预定的条件,或目标函数值小于设定的阈值.此时认为迭代过程收敛,得到的阻抗分布 ρ^* 即为所求 EIT 问题的解.

由于 EIT 外围电压的变化对内部阻抗的变化非常不敏感,并且实际阻抗分布具有非线性特点,另外还受到测量电极的限制,使得根据外围电压数据求解内部阻抗分布具有严重病态性,数据中很小的误差会引起解的很大变化.

病态性在 MNR 算法中主要表现为 Hessian 矩阵是病态的. 将矩阵 H 作奇异值分解,得到的条件数很大. 设 H 矩阵的特征值 $\lambda_1 \geqslant \lambda_2 \geqslant \cdots \geqslant \lambda_m > 0$,条件数的定义为最大特征值与最小特征值之比 $1/m$. 删除小的特征值对应的特征向量可减小 H 矩阵的条件数[65],从而提高重建算法的鲁棒性. 但这是以牺牲中心区域的阻抗信息为代

价的，会降低重建图像的性能. 为克服 EIT 病态性需进行正则化
处理[93—95].

最常用的正则化方法是由 Tikhonov 提出的，即在目标函数中加
入一个正则化项（或称代价项）[96]，即把式（2.3.1）改写为：

$$f(\boldsymbol{\rho}) = \frac{1}{2} \mid\mid \boldsymbol{F}(\boldsymbol{\rho}) - \boldsymbol{V}_0 \mid\mid^2 + \frac{1}{2} \boldsymbol{P}(\boldsymbol{\rho}) \qquad (2.3.8)$$

其中 $\boldsymbol{P}(\boldsymbol{\rho}) = \lambda \mid\mid \boldsymbol{\rho} \mid\mid^2$ 为代价函数，λ 为正则化因子.

这样使原本无约束的最小化问题变为受约束最小化问题求解，
目的是减小噪声对 EIT 病态程度的影响. 将式（2.3.6）的迭代步长
改为：

$$\Delta\boldsymbol{\rho} = -\{[\boldsymbol{F'}]^T \cdot \boldsymbol{F'} + \lambda \cdot \boldsymbol{I}\}^{-1} \cdot [\boldsymbol{F'}]^T \cdot [\boldsymbol{F} - \boldsymbol{V}_0]$$
$$= -[\boldsymbol{H} + \lambda \cdot \boldsymbol{I}]^{-1} \cdot [\boldsymbol{F'}]^T \cdot [\boldsymbol{F} - \boldsymbol{V}_0] \qquad (2.3.9)$$

其中 $\boldsymbol{I}$ 为单位矩阵.

在上述算法中，正则化因子 λ 的选取没有充分考虑阻抗图像本身
的特性. 在实际使用时往往用任意取值的方法，致使 EIT 图像重建性
能不够满意. 关于这个问题将在第四章中加以详细讨论，并提出改进
的方案.

2.4 EIT 数据采集系统

2.4.1 系统组成

本项研究中使用的 EIT 数据采集系统硬件设计主要参照 1983
年由 Barber 等提出的基于外加电位断层图像法（APT）的电阻抗成像
系统. 采用传统的 16 电极测量方案，系统的组成框图如图 2.5 所示.
主要分为四部分：第一部分为电压信号产生、电压控制电流源
（VCCS）电路和电流注入及控制电路；第二部分为电压采集及控制电
路、滤波放大和解调电路；第三部分为 DSP 最小系统、A/D 转换和网
络接口电路；第四部分为被测模型即盐水槽部分.

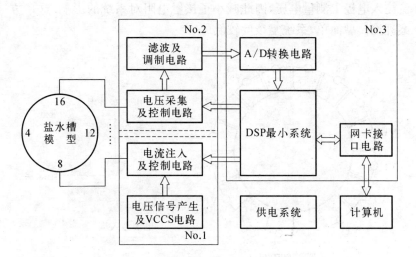

图 2.5　EIT 数据采集系统组成方框图

系统基本的工作原理如下. VCCS 相关电路产生一定频率和幅度的正弦波电流信号,在 DSP 控制下,以相邻法注入模式分别选通相应的模拟开关,使电流注入到指定的电极对,并在其余的电极对上测量电压. 测得的电压经过放大解调后送至 A/D 转换器,由 DSP 完成数字滤波,提取出 EIT 图像重建算法所需数据. 最后通过以太网接口电路传送至计算机,并在 PC 端完成图像的重建.

2.4.2　数据测量方式

数据测量方式有多种,包括相对法(Opposite Method)、交错法(Cross Method)、自适应法(Adaptive Method)和相邻法(Neighboring Mehod)等[97-101]. 我们采用相邻法,如图 2.6 所示. 在一对相邻的电极上注入电流,在其余电极上测量电压. 电流通过相邻电极轮换施加,然后再测量非电流注入电极上的电压. 独立电压测量次数为 $N \times (N-3)/2$,其中 N 为电极数. 由于相邻法系统避免在电流注入电极上测量电压,因此减小了接触电阻对系统的影响. 这一方案理论模型简单,系统复杂度较低.

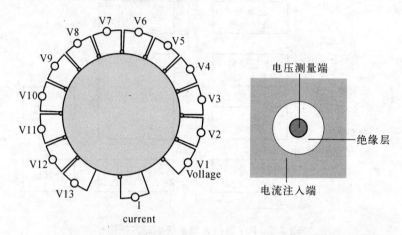

图 2.6 相邻法测量方式   图 2.7 复合电极示意图

2.4.3 电极

在 EIT 系统中,电极是直接影响 EIT 图像重建质量的关键的器件. 一个良好的传感器应具备以下的特点[102-104]:

(1) 分布于不同位置的电极的注入电流和提取电压的灵敏度尽可能一致.

(2) 电极与介质的接触阻抗小.

(3) 对皮肤无毒、无副作用.

我们选用了一种钮扣电极,如图 2.7 所示. 其直径约 10 mm,表面涂敷 Agcl 材料,为使采集系统能对生物体进行数据采集提供了保证.

2.4.4 盐水槽

实验中采用盐水槽模拟被测物体对象,盐水槽直径为 18 cm,内盛浓度为 0.9% 的模拟生理盐水(阻抗率约为 500 Ω·cm),水面高度为 3.5 cm,16 个电极平均分布于盐水槽的周围.
如图 2.8 所示为带有 16 个电极的圆柱形盐水槽
电缆连接示意图.

　　关于本数据采集系统的设计框图和设计要
点的详细情况介绍,包括对 VCCS 电路、模拟开
关电路、前置放大电路、解调电路、A/D 转换和
DSP 相关电路等的理论分析和实现,以及实际
测试情况的分析等见参考文献[105—108].

图 2.8　盐水槽电缆
连接示意图

2.5　小结

　　本章简要介绍了 EIT 系统的基本组成及图像重建基本原理. 分
析了求解 EIT 正问题的有限元方法及求解静态 EIT 图像重建,即
EIT 逆问题的常用方法:正则化 MNR 算法. 由于该算法有一系列的
局限性,本论文从下一章起由不同的角度提出改进的 EIT 图像重建
方案. 本章最后简单介绍了课题组设计的 EIT 数据采集实验系统,该
系统将用于验证论文所提出的各种改进算法.

第三章　细分网格与正则化
EIT 图像重建

EIT 图像重建是求逆问题的过程. 从上一章分析可知, 求逆问题需借助于有限元方法计算正问题. 由于有限元网格单元数目对图像精度有很大的影响, 本章提出一种基于自适应网格剖分的 EIT 图像重建求解方法, 并进行性能分析及实验. 随后针对常用 MNR 算法存在的缺点, 提出基于指数加权正则化的 EIT 图像重建方法, 并进行性能分析及实验.

3.1　基于自适应网格剖分的 EIT 图像重建

我们知道有限元法的基本思想是将连续的求解域离散为有限数量单元的组合体, 随着单元数目的增加, 解的近似程度不断增加, 最终近似收敛于精确解. 在 FEM 中, 如果离散的单元网格太粗糙, 则重建图像分辨率很低, 几乎无实用价值. 另一方面, 如果离散的单元网格太精细, 则由于网格剖分单元数目太大, 引起计算量急剧增加. 同时当网格数超过独立测量数时, 有可能会导致重建图像不收敛甚至发散. 解决此问题可采用局部网格细分, 即在阻抗突变处采用细网格, 而在其余处采用粗网格, 从而提高图像重建的精度[109—111]. 具体实现中, 必须加入先验知识, 即先初步确定 EIT 中发生阻抗异变的区域, 再对此区域进行局部的网格细分. 本节提出了一种自适应网格细分的有效方法来确定区域内阻抗的突变处[112—113].

首先采用粗糙的均匀网格(网格数较少)的有限元法进行 EIT 图像的重建, 然后对重建阻抗分布进行分析. 为了决定哪些粗分单元需进行网格细分, 考虑单元与相邻单元的阻抗误差超过某一设定值时, 对此单元网格进行细分. 为此采用对数阻抗作为单元细分的判据:

$$\sum_{\text{edge}} \mid\mid \log(\rho_i) - \log(\rho_j) \mid\mid l_{ij} \geqslant \psi_0 \qquad (3.1.1)$$

其中 l_{ij} 为相邻单元 i 和 j 连接的公共长度,随三角单元大小而变. ρ_i 和 ρ_j 分别为相邻单元的阻抗. ψ_0 为预先设定值,选为 $M \times \delta$,δ 为阻抗变化的相对误差,由于采用如前所述的三角单元剖分,因而 $M = 3 \times$ 边长.

当式(3.1.1)左面的值大于 ψ_0,即相邻阻抗的误差超过设定值后,则对于与周围阻抗相比误差较大的局部区域需进行一次网格细分,而其它的单元仍然保持粗分. 细分后的四个小单元中的任何一个阻抗发生变化都会引起细分前这些单元所在的大单元阻抗发生变化,也就是说,通过将每个阻抗变化单元细分为四个小三角单元可提高局部空间分辨率. 重复不断进行此过程,直至相邻误差不超过一定值为止. 这样既提高了重建图像的局部精度,与全局网格细分相比又大大节省了存储的空间. 具体算法如图 3.1 所示.

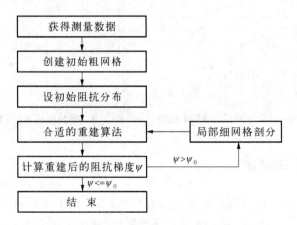

图 3.1 自适应网格细分的 EIT 重建算法

具体的细分方法如下:一旦确定要局部细分的网格单元,连结此三角形单元各边的中点,并按原来粗网格剖分时的编号规则单列细分单元的编号,计算节点坐标,使一个单元 (A) 剖分为四个细分单元 (B, C, D, E). 如图 3.2 为单元的细分示意图:

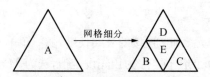

图 3.2　三角单元的细分

下面分别给出采用 FEM 进行网格剖分的结果.图 3.3 所示为均匀剖分网格的 FEM 模型示意图,共有 200 个三角单元(网格),121 个节点.图 3.4 为采用局部细分网格 FEM 模型示意图.共有 35 个三角单元(网格),28 个节点.

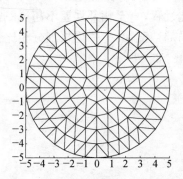

图 3.3　均匀剖分网格的 FEM 模型

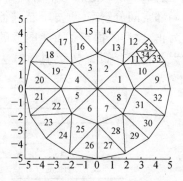

图 3.4　细分网格 FEM 模型

3.2　实验结果

为验证自适应网格细分法的有效性,进行以下实验.原始阻抗分布如图 3.5(a)所示.采用相同的重建算法(常规 MNR 算法)进行计算机模拟实验,然后分别采用图 3.9 所示 128 个三角单元的均匀粗网格和图 3.5(b)所示的 32 个三角单元的均匀粗网格 FEM 模型进行实验.图 3.5(c)是对局部阻抗异变处进行的一次细分网格 FEM 模型,图 3.5(d)所示是对局部阻抗异变处进行二次细分网格的 FEM 模型,相对误差 δ 取为 4%,在相同的信噪比条件下,分别对这四种模型进

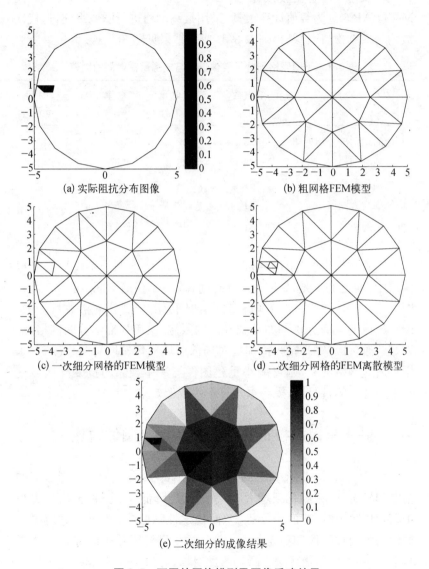

(a) 实际阻抗分布图像

(b) 粗网格FEM模型

(c) 一次细分网格的FEM模型

(d) 二次细分网格的FEM离散模型

(e) 二次细分的成像结果

图 3.5 不同的网格模型及图像重建结果

行成像实验，然后比较成像结果. 计算机 CPU 为 P4/2.4 GHz，用
MATLAB 6.0 为数值计算工具. 采用最终网格进行图像重建，迭代次
数均为 500 次，比较结果列表 3.1，成像结果见图 3.5(e).

表 3.1 不同网格划分下成像误差与成像所需时间的比较

	节点数 （个）	三角单元 数（个）	重建 误差	运行时间 （min）
开始的均匀剖分粗网格	25	32	8.7%	5.45
一次细分网格	28	35	4.6%	6.42
二次细分网格	31	38	3.1%	7.03
均匀剖分大网格	81	128	3.5%	22.25
可采用的网格	31	38	3.1%	7.03

实验结果表明，采用局部细分的有限元网格剖分不仅提高了成
像精度，而且有效地减少了运行时间，减小了存储空间. 特别是对外
围电极采集点较少（如 16 电极）的情况下，由于剖分网格数目受限，
EIT 成像的空间分辨率亦受到一定的限制. 采用局部细分的网格，能
较好地改善成像的精度，特别是对局部区域成像精度有明显改善. 采
用自适应网格细分，则可减小重建图像算法中搜索阻抗变异区域这
一重要环节的盲目性，提高重建算法的成像效率.

3.3 基于指数加权正则化的 EIT 静态图像重建

从上一章对 MNR 算法的分析可看出，正则化项的大小影响解的
精度和稳定性. 正则化项增大时，解的精度降低，稳定性提高；反之当
正则化项减小时，解的精度提高，而稳定性降低[65]. 为了更好地提高
重建图像的收敛性和稳定性，我们考虑在目标函数中添加相应的先
验条件，使 NR 迭代算法在瞬态收敛时期，导致 EIT 解最终趋于稳定
值. 这样随着迭代的不断进行，最终使解收敛于真实解. 另一方面，当

运算处于稳态期,应使针对瞬态情况的附加限制条件不起作用,以避免最终重建图像中出现失真[114]. 为此我们提出一种基于改进的 MNR 算法的指数加权矩阵方法,使加权矩阵与方差矩阵的倒数成正比. 这里,EIT 图像重建的目标函数形式为:

$$\Phi(\rho_k) = \frac{1}{2}\big[||\, F(\rho_k) - V\,||^2_{R^{-1}} \tag{3.3.1}$$

$$= + L\,||\,\rho_k - \rho_p\,||^2_{W^{-1}}\big]$$

其中 k 是迭代的次数. 假设测量值中迭加了均值为零、方差为 R_k 的高斯白噪声,即:

$$R_k = E\big[\varepsilon_k \varepsilon_k^T\big] \tag{3.3.2}$$

ε_k 为测量时的噪声误差. 式(3.3.1)第一项为测量得到的电压向量与正问题求解过程获得的电压向量之间的差值,第二项是作为阻抗分布的附加信息,相当于正则化处理,用于改善重建算法的性能.

$$L(\rho_k - \rho_p) = \gamma_k \tag{3.3.3}$$

其中 $L \in R^{M \times M}$ 为正则化处理矩阵,M 是有限元剖分的三角单元数,ρ_p 是关于阻抗分布的先验知识,γ_k 是一个具有制约功能的量,我们亦假定它为均值为零、方差为 W_k 的高斯白噪声:

$$W_k = E\big[\gamma_k \gamma_k^T\big] \tag{3.3.4}$$

可见式(3.3.1)第一项表示了测量数据的逼真度,而第二项则表示为先验信息的逼真度.

一般而言,随着 MNR 迭代次数的增加,R_k 逐渐减小,噪声引起的误差逐渐减小,最终收敛到它的真实解. 因而在加权矩阵中,随着迭代次数的增加,应使加权矩阵的第一项 R_k^{-1} 相对于 W_k^{-1} 逐渐增加,从而使算法逐渐收敛,趋于稳定,同时方差 W_k 亦相应减小. 这样在迭代的瞬态过程中采用限制条件使算法加快收敛,直至达到稳态收敛. 为此我们提出基于 MNR 的指数加权矩阵的正则化方法. 构建方法如下:

$$W_k = \mathrm{Diag}[w_k] \qquad (3.3.5)$$

$$R_k = \mathrm{Diag}[r_k] \qquad (3.3.6)$$

其中:

$$w_k = e^{-(K-k+1)/K} \qquad (3.3.7)$$

$$r_k = 1 - w_k \qquad (3.3.8)$$

在等式(3.3.7)中 K 是最终的迭代次数.

为找到阻抗分布 $\boldsymbol{\rho}_k$,则应使等式(3.3.1)的目标函数最小化. 令目标函数的一阶导数为零:

$$\boldsymbol{\Phi}'(\boldsymbol{\rho}_k) = -\boldsymbol{F}'(\boldsymbol{\rho}_k)^T \boldsymbol{R}_k^{-1}[\boldsymbol{F}(\boldsymbol{\rho}_k) - \boldsymbol{V}]$$
$$= -\boldsymbol{L}^T \boldsymbol{W}_k^{-1} \boldsymbol{L}(\boldsymbol{\rho}_p - \boldsymbol{\rho}_k) = 0 \qquad (3.3.9)$$

然后对 $\boldsymbol{\Phi}'(\boldsymbol{\rho}_k)$ 用 Taylor 级数展开,得:

$$\boldsymbol{\Phi}'(\boldsymbol{\rho}_{k+1}) = \boldsymbol{\Phi}'(\boldsymbol{\rho}_k) + \boldsymbol{\Phi}''(\boldsymbol{\rho}_k)\Delta\boldsymbol{\rho}_k = 0 \qquad (3.3.10)$$

其中:

$$\boldsymbol{\rho}_{k+1} = \boldsymbol{\rho}_k + \Delta\boldsymbol{\rho}_k \qquad (3.3.11)$$

$$\boldsymbol{\Phi}''(\boldsymbol{\rho}_k) = [\boldsymbol{F}'(\boldsymbol{\rho}_k)]^T \boldsymbol{R}_k^{-1} \boldsymbol{F}'(\boldsymbol{\rho}_k) - [\boldsymbol{F}'(\boldsymbol{\rho}_k)]^T \cdot$$
$$\boldsymbol{R}_k^{-1}[\boldsymbol{I}_M \bigotimes (\boldsymbol{F}(\boldsymbol{\rho}_k) - \boldsymbol{V})] + \boldsymbol{L}^T \boldsymbol{W}_k^{-1} \boldsymbol{L}$$
$$\cong [\boldsymbol{F}'(\boldsymbol{\rho}_k)]^T \boldsymbol{R}_k^{-1} \boldsymbol{F}'(\boldsymbol{\rho}_k) + \boldsymbol{L}^T \boldsymbol{W}_k^{-1} \boldsymbol{L} \qquad (3.3.12)$$

其中 $\boldsymbol{I}_M$ 为 $M \times M$ 单位矩阵,$\bigotimes$ 表示 Kronecker 矩阵积.

这样我们则可获得 EIT 图像重建算法的迭代步长为:

$$\Delta\boldsymbol{\rho}_k = \{[\boldsymbol{F}'(\boldsymbol{\rho}_k)]^T \boldsymbol{R}_k^{-1} \boldsymbol{F}'(\boldsymbol{\rho}_k) + \boldsymbol{L}^T \boldsymbol{W}_k^{-1} \boldsymbol{L}\}^{-1} \cdot$$
$$\{[\boldsymbol{F}'(\boldsymbol{\rho}_k)]^T \boldsymbol{R}_k^{-1}[\boldsymbol{F}(\boldsymbol{\rho}_k) - \boldsymbol{V}] +$$
$$\boldsymbol{L}^T \boldsymbol{W}_k^{-1} \boldsymbol{L}(\boldsymbol{\rho}^* - \boldsymbol{\rho}_k)\} \qquad (3.3.13)$$

在 MNR 算法中,需计算 Hessian 矩阵 $\boldsymbol{H} = [\boldsymbol{F}']^T \cdot [\boldsymbol{F}']$,而 Hessian 矩阵的最大与最小特征值之比太大,容易引起算法发散. 我们

在等式(3.3.13)的第一部分中插入了一项 $\{\cdot\}^{-1}$，其目的是为了减小 Hessian 矩阵的条件数，从而提高算法的稳定性，加快成像算法的收敛速度。图 3.6 给出分别采用 Tikhonov 正则化和本节提出的指数加权正则化，在相同测试条件下进行阻抗图像重建时的误差比较。可见，由于考虑了阻抗分布的自身信息，本章所提出的基于指数加权矩阵的正则化算法比起传统的 Tikhonov 正则化来，具有重建图像精度高、收敛快的明显优点。

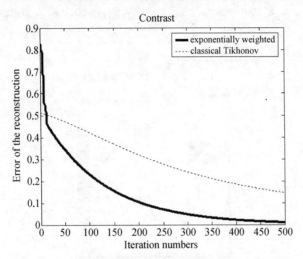

图 3.6 指数加权正则化(实线)和 Tikhonov 正则化 (虚线)EIT 图像重建误差比较

3.4 实验结果

我们将基于指数加权正则化方法在改进的 MNR 迭代算法中加以实现，并与 Tikhonov 正则化作比较。EIT 图像重建的实验数据分别来自 FEM 数值方法产生的计算机模拟数据和应用 EIT 数据采集实验系统实际采集的测量数据。

首先应用 FEM 产生的模拟测量数据进行仿真实验。对所有的模拟测量数据施加随机噪声，信噪比为 SNR＝33 dB。图 3.7 为阻抗图像重建的 FEM 模型 1,将被测区域剖分为 32 个三角单元、25 个节点,外围 16 个节点处分布有 16 个电极. 重建阻抗图像如图 3.3 所示. 其中图 3.8(a)为 FEM 模型 1 的实际阻抗分布图像. 3.8(b)为基于 Tikhonov 正则化的重建阻抗分布图像,迭代次数为 200,重建误差为 7.84%. 3.8(c)为基于本章提出的指数加权正则化的重建图像,迭代次数同样为 200,重建误差降低到 5.81%.

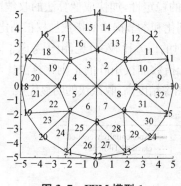

图 3.7　FEM 模型 1

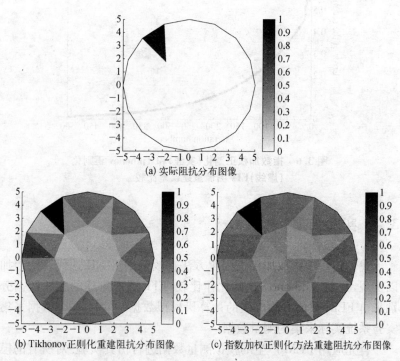

(a) 实际阻抗分布图像

(b) Tikhonov正则化重建阻抗分布图像　　(c) 指数加权正则化方法重建阻抗分布图像

图 3.8　基于模拟数据的 EIT 图像重建结果

为了更好地观察 EIT 的病态性,增加 FEM 剖分单元数,在高的空间分辨率下进行模拟实验. 图 3.9 所示为 FEM 模型 2. 在此模型中,将被测单元剖分成 128 个三角单元,81 个节点,周围分布为 32 个电极. 在模拟测量数据中,同样加入信噪比 SNR=33 dB 的随机噪声,采用不同方法的重建结果如图 3.10 所示. 其中图 3.10(a) 为实际阻抗分布. 图 3.10(b) 为基于 Tikhonov 正则化的重建阻抗分布,迭代次数为 200,重建误差为 4.17%. 图 3.10(c) 为采用本章所提出的指数加权正则化阻抗重建图像,迭代次数同样为 200,重建误差下降到 2.85%. 从以上两个实验可见,采用指数加权进行正则化处理时,收敛性和空间分辨率均优于一般取任意值进行正则化的 MNR.

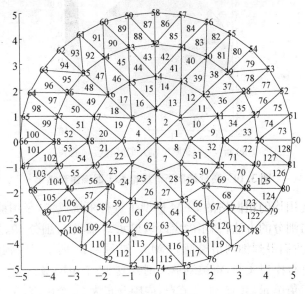

图 3.9　FEM 模型 2

由于 EIT 图像的空间分辨率受到有限个独立测量数据的限制,应用 FEM 剖分的单元总数总要小于独立测量次数. 因而在 EIT 应用于实际医疗辅助诊断时,常采用前面提出的细分网格进行阻抗成像.

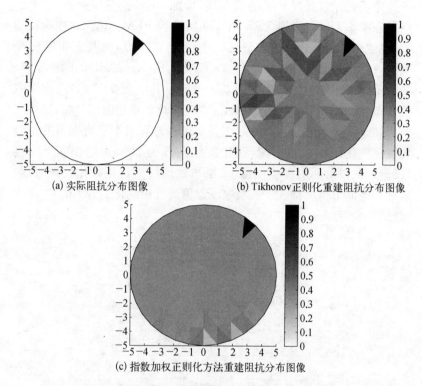

(a) 实际阻抗分布图像

(b) Tikhonov 正则化重建阻抗分布图像

(c) 指数加权正则化方法重建阻抗分布图像

图 3.10   高分辨率下的模拟 EIT 图像重建结果

假定先运用均匀粗网格的 FEM 模型 1 进行阻抗成像,采用前述的自适应网格细分的方法,初步确定区域单元 20 需进行细分. 在进行二次细分后,我们得到细网格模型 FEM 3,如图 3.11 所示. 然后我们采用此模型进行模拟实验,将被测单元剖分成 32 个粗网格三角单元,6 个细网格三角单元,共有 31 个节点,周围分布为 16 个电极,重建实验结果如图 3.12 所示. 其中图 3.12(a) 为实际阻抗分布图像. 3.12(b) 为基于 Tikhonov 正则化的阻抗分布重建图像,迭代次数为 200,重建误差为 4.91%. 3.12(c) 为基于本章提出的指数加权正则化的重建图像,迭代次数同样为 200,重建误差下降为 3.28%.

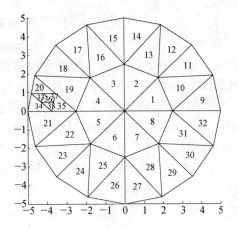

图 3.11   FEM 模型 3

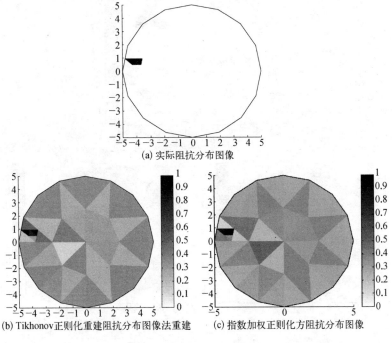

(a) 实际阻抗分布图像

(b) Tikhonov正则化重建阻抗分布图像法重建   (c) 指数加权正则化方阻抗分布图像

图 3.12   细分网格局部高分辨率下 EIT 模拟图像重建

下面运用自行研制的实验装置进行 EIT 实际测量,对获得的电压数据进行阻抗图像重建. 在直径为 18 cm 的圆柱形盐水槽中注入浓度 0.9% 的生理盐水,其阻抗率为 500 cm. 水面高度为 3.5 cm,盐水槽周围分布有 16 个电极. 在盐水槽中放入一个直径 3 cm 的塑料制品(阻抗约 800 cm)作为待检测的异物. 按照相邻法测量模式,在外围电极注入 50 kHz,5 mA p - p 的正弦电流信号,共采集到 16×13=208 个电压测量数据,其中独立变量为 104 个. 分别采用 Tikhonov 正则化和指数加权正则化,用 MNR 迭代算法进行阻抗图像重建,迭代次数均为 100. 图 3.13(a)为实际阻抗分布图,图 3.13(b)为基于 Tikhonov 正则化的阻抗分布图像,重建误差为 8.54%. 图 3.13(c)为

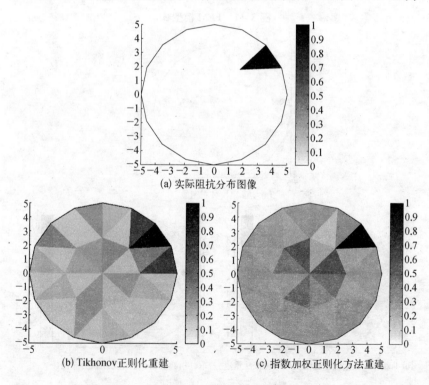

(a) 实际阻抗分布图像

(b) Tikhonov 正则化重建

(c) 指数加权正则化方法重建

图 3.13 实际测量数据的 EIT 图像重建结果

基于本章提出的指数加权正则化的阻抗重建分布,重建误差下降为 7.01%. 由于实际测量中的采集硬件系统精度受限,同时电极传感器的接触电阻及噪声干扰等的影响,使实际数据进行成像的重建误差大于模拟数据进行成像时的重建误差. 噪声干扰对成像精度的影响将在第五章中专门进行讨论.

计算机模拟和基于实测数据的实验结果均表明,本章提出的指数加权正则化处理由于在 Hessian 矩阵中插入了一个方差的倒数,明显降低了 Hessian 矩阵条件数,从而减轻了 EIT 成像的病态性,加快了算法的收敛速度. 这种基于指数加权矩阵正则化的图像重建算法,比 Tikhonov 正则化重建法具有更高的重建效率.

3.5 小结

EIT 图像的重建是一个求逆问题的过程,可用有限元求正问题的方法来解决,在不断的迭代中逐步减小重建误差. 在运用有限元方法中如果离散的单元网格太粗糙,会使重建图像的分辨率太低而没有实用价值. 另一方面,如果单元网格太精细,则剖分的单元数太大,致使计算量巨大,并导致重建图像不收敛乃至发散. 因而本章提出了一种基于自适应网格剖分的 EIT 图像重建方法. 通过阻抗异变区域的确定,在阻抗突变处采用细网格,而其余部分仍用粗网格,从而有效地提高了 EIT 图像重建精度. 实验表明了此方法的有效性.

针对常用的 MNR 算法所存在的缺点,本章又提出了基于指数加权的正则化方法,进行了性能分析及实验验证. 实验结果表明这种方法具有良好的鲁棒性,在相同测试条件下,采用相同的迭代次数,图像的重建误差小于基于 Tikhonov 正则化的重建算法误差.

第四章 基于共轭梯度 EIT 图像重建

4.1 引言

    静态 EIT 是指对被测生物的绝对阻抗值分布成像,它很容易受图像重建模型误差和测量噪声的影响,病态特征突出. 如前所述,一种较有效的静态 EIT 重建算法是 Newton-Raphson 类方法如 MNR,即定义一个目标函数,根据目标函数梯度或高阶导数产生一个确定的迭代步长,通过不断迭代使解沿着最速下降方向逼近. 本章采用共轭梯度迭代算法(conjugate gradients iteration, CG)进行 EIT 重建. 首先介绍常规 CG 算法进行 EIT 动态成像的方法及其性能,然后提出一种正则化 CG 算法,并给出相应的实验结果.

    在静态成像中,当异变处阻抗变化很小时可用线性迭代法近似求解非线性逆问题. 但阻抗变化较大时线性迭代使重建图像精度很低. 本章讨论并分析基于 Newton 迭代思想的非线性共轭梯度算法(non-linear conjugate gradients iteration, NLCG),提出一种含有修正因子的 NLCG 算法,并将该方法与常规的 NLCG 方法进行比较. 我们对静态 EIT 进行计算机模拟,并利用实测数据重建阻抗分布,结果表明具有修正因子的 NLCG 算法在计算效率和存储性能方面比一般的 MNR 重建算法有较大的改善.

4.2 线性共轭梯度 EIT 图像重建算法

4.2.1 基于线性共轭梯度动态 EIT 图像重建

    首先考虑动态 EIT 成像. 共轭梯度(conjugate gradients)方法提

供一种求解具有 $N \times N$ 维的线性系统的方法[115]. 如一线性系统可表示为：

$$Ax = b \qquad (4.2.1)$$

其中 $A \in R^{N \times N}$ 是对称、正定的系数矩阵，即 $A = C^T C$, $C \in R^{M \times N}$. $X \in R^{N \times 1}$, $b \in R^{N \times 1}$. 为了求解式(4.2.1)，定义一个函数 $f(x)$：

$$f(x) = \frac{1}{2} x^T A x - b^T x \qquad (4.4.2)$$

$f(x)$ 的梯度为：

$$\nabla f = Ax - b \qquad (4.2.3)$$

或用余量函数表示：

$$r = Ax - b \qquad (4.2.4)$$

当上述余量函数等于 0，即式(4.2.1)成立时，函数 $f(x)$ 应取极小值.

CG 算法在每次迭代时，通过搜索方向矢量 $p^{(n)}$ 使余量足够小，且在 n 次迭代后算法可获得收敛解.

常规的共轭梯度（conjugate gradients on normal equation, CGNE)算法执行步骤如下：

1：设定一个初始解矢量 $x^{(0)}$，计算初始余量 $r^{(0)}$ 和方向矢量 $p^{(0)}$：

$$x^{(0)} = (x_1^{(0)}, x_2^{(0)}, \cdots, x_N^{(0)})^T$$

$$r^{(0)} = Ax^{(0)} - b$$

$$p^{(0)} = Ax^{(0)} - b$$

2：执行迭代，直到余量 $r^{(n)}$ 足够小.

$$\text{for} \quad n = 0, 1, \cdots$$

If $|| \, \pmb{r}^{(n)} \, ||_2 < \varepsilon$ stop

else

    if $n > 0$

        $\beta^{(n)} = [\pmb{r}^{(n)}]^T \pmb{r}^{(n)} / [\pmb{r}^{(n-1)}]^T \pmb{r}^{(n-1)}$

        $\pmb{p}^{(n)} = \pmb{r}^{(n)} + \beta^{(n)} \pmb{p}^{n-1}$

    end

    $\alpha^{(n)} = (\pmb{r}^{(n)})^T \pmb{r}^{(n)} / (\pmb{p}^{(n)})^T \pmb{p}^{(n)}$

    $\pmb{x}^{(n+1)} = \pmb{x}^{(n)} + \alpha^{(n)} \pmb{p}^{(n)}$

    $\pmb{r}^{(n+1)} = \pmb{r}^{(n)} - \alpha^{(n)} \cdot \pmb{A} \cdot \pmb{p}^{(n)}$

    $n \leftarrow n + 1$

end

图 4.1　常规共轭梯度迭代算法

在阻抗值变化很小时可忽略 $\Delta \rho$ 的高次项,用近似线性化进行阻抗重建[54].我们考虑测量值受到噪声干扰的情况,采用基于线性化近似求解的敏感矩阵成像方法[43, 56, 116—117],即求解:

$$\pmb{S} \pmb{\gamma} = \pmb{e} \qquad\qquad (4.2.5)$$

矢量 $\pmb{e}$ 的元素为边界上电压变化值测量结果,$\pmb{\gamma} \in R^M$ 为相应的相对电导分布矢量. $\pmb{S} \in R^{N \times M}$ 称为敏感系数矩阵. $\pmb{e} \in R^N$,其中 N 为独立测量数,M 为三角单元数.

使用 CGNE 算法需满足式(4.2.1)的对称正定条件,对公式(4.2.5)两边分别乘以 $\pmb{S}^T$,得:

$$\pmb{S}^T \pmb{S} \cdot \pmb{\gamma} = \pmb{S}^T \cdot \pmb{e} \qquad\qquad (4.2.6)$$

其中 $\pmb{S}^T \pmb{S} = \pmb{H}$ 为 Hessian 矩阵. $\pmb{H} \in R^{N \times N}$.

仿照公式(4.2.2),令:

$$\pmb{A} = \pmb{S}^T \pmb{S}, \; \pmb{b} = \pmb{S}^T \cdot \pmb{e} \qquad\qquad (4.2.7)$$

直接将式(4.2.6)用于 CG 算法需计算 Hessian 矩阵 $\pmb{A} = \pmb{S}^T \pmb{S}$. 它的维数很高,处理及存储很困难,对具有很多三角单元的大规模有限元计算尤为严重. 可见直接计算系数矩阵的 CG 算法效率很低. 为此我们在 CG 算法中避免直接计算 Hessian 矩阵, 采用下列分解算法:

设函数为:

$$f(\boldsymbol{\gamma}) = \frac{1}{2} \| \boldsymbol{S} \cdot \boldsymbol{\gamma} - \boldsymbol{e} \|^2 \qquad (4.2.8)$$

则梯度为:

$$\nabla f = \boldsymbol{p} = \boldsymbol{S}^{\mathrm{T}} \cdot (\boldsymbol{S} \cdot \boldsymbol{\gamma} - \boldsymbol{e}) \qquad (4.2.9)$$

误差余量为:

$$\boldsymbol{r} = \boldsymbol{e} - \boldsymbol{S} \cdot \boldsymbol{\gamma} \qquad (4.2.10)$$

即相当于把图 1 算法中的方向矢量 $\boldsymbol{P}$ 乘以 $\boldsymbol{S}^{\mathrm{T}}$.

可见将 CGNE 算法应用于式(4.2.5)时, 需对图 4.1 算法进行适当变换. 这样在 EIT 求解过程中就不必再直接计算巨大的 Hessian 矩阵, 使计算效率大大提高. 具体过程如图 4.2 所示.

```
for   n = 0,1⋯.
    If ‖ r⁽ⁿ⁾ ‖₂ < ε   stop
    else
        if   n > 0
        β⁽ⁿ⁾ = (r⁽ⁿ⁾)ᵀr⁽ⁿ⁾/(r⁽ⁿ⁻¹⁾)ᵀr⁽ⁿ⁻¹⁾
        p⁽ⁿ⁾ = Sᵀr⁽ⁿ⁾ + β⁽ⁿ⁾p⁽ⁿ⁻¹⁾
        end
        α⁽ⁿ⁾ = (r⁽ⁿ⁾)ᵀr⁽ⁿ⁾/(p⁽ⁿ⁾)ᵀp⁽ⁿ⁾
        γ⁽ⁿ⁺¹⁾ = γ⁽ⁿ⁾ + α⁽ⁿ⁾p⁽ⁿ⁾
        r⁽ⁿ⁺¹⁾ = r⁽ⁿ⁾ - α⁽ⁿ⁾S·p⁽ⁿ⁾
        n ← n+1
    end
```

图 4.2　基于常规共轭梯度迭代算法的 EIT 图像重建

在线性化近似条件下用 CG 算法进行静态 EIT 阻抗成像时, 可结合迭代如 NR 算法来完成:

$$\boldsymbol{\sigma} = \boldsymbol{\sigma} + \boldsymbol{\gamma} \qquad (4.2.11)$$

当然,用线性化迭代求解时必须满足被测区域内阻抗变化很小的条件,而且 CGNE 算法必须有收敛性. 这一点在下一小节讨论.

4.2.2 算法性能分析

关于 CG 算法收敛性问题在许多文献中已有专门的讨论[42,118]. 本节主要研究 CG 算法在 EIT 求逆问题中的应用.

文献[118]已证明,在 CG 算法中,对一个具有 N 个非零奇异值的线性系统,在进行 N 次迭代和 N 次方向搜索后,算法最终可达到收敛. 但收敛的速度依赖于系数矩阵的条件数,条件数越大,算法收敛越慢. 在求解式(4.2.6)时,虽然运用 CGNE 算法中可避免直接求 Hessian 矩阵,但由于公式(4.2.6)系数矩阵的条件数为 $\mathrm{cond}(\boldsymbol{S}^{\mathrm{T}}\boldsymbol{S}) = (\mathrm{cond}(\boldsymbol{S}))^2$,很明显高于 $\boldsymbol{S}$ 的条件数,同时由于 EIT 的测量误差,包括电极接触电阻、仪器误差以及噪声等,系数矩阵 $\boldsymbol{S}^{\mathrm{T}}\boldsymbol{S}$(又称 Hessian 矩阵)的条件数很大,使得算法收敛速度下降. 显然,运用常规 CG 算法时收敛速度势必受到影响. 为此可在 EIT 求逆之前进行预处理,减小系数矩阵的条件数. 考虑在公式(4.2.5)中加入一个合适的预处理因子以加快算法的收敛速度[42,118].

我们借助于求解敏感系数矩阵的广义逆矩阵,在公式(4.2.5)两边乘 $\boldsymbol{S}$ 的逆矩阵 $\boldsymbol{S}^{+}$:

$$\boldsymbol{S}^{+} \boldsymbol{S}\boldsymbol{\gamma} = \boldsymbol{S}^{+} \boldsymbol{e} \qquad (4.2.12)$$

在对公式(4.2.12)使用 CGNE 求解 EIT 可减小系数矩阵的条件数,使收敛速度加快. 但 $\boldsymbol{S}$ 矩阵并非方阵,只能求它的 Moore-Penrose 广义逆矩阵. 另外由于模型误差和测量噪声的影响,$\boldsymbol{S}$ 又往往是病态的,为此这里采取 Tikhonov 正则化方法,我们在上式(4.2.12)中加入一个正则化因子 μ 以便克服 EIT 病态性:

$$(\boldsymbol{S} + \mu\boldsymbol{I})^{+} \boldsymbol{S}\boldsymbol{\gamma} = (\boldsymbol{S} + \mu\boldsymbol{I})^{+} \boldsymbol{e} \qquad (4.2.13)$$

其中 $S, I \in R^{M \times N}$, $(S + \mu I)^+ \in R^{N \times M}$, $(S + \mu I)^+ S\gamma \in R^{N \times N}$.

在求解式(4.2.13)时,系数矩阵的条件数为 $\mathrm{cond}((S + \mu I)^+ S)$, 明显低于 $\mathrm{cond}(S^T S)$,并且 $(S + \mu I)^+ S\gamma \in R^{N \times N}$ 方阵,符合 CG 算法求解的条件. 由于预处理降低了条件数,因而可加快 EIT 成像算法收敛速度.

为了说明上述正则化处理的优点,下面分别采用常规 CG 算法和经过正则化预处理的 CG 算法(简称 PCGNE)进行 EIT 重建实验,比较两者的性能. 实验条件如下:取三角形剖分单元数为 128,共有 81 个节点,周围分布 32 个电极. 在此相同测试条件下,两种方法的收敛性如图 4.3 所示. 随迭代次数的增加,PCGNE 的误差明显低于标准的 CGNE 算法,而且误差单调下降.

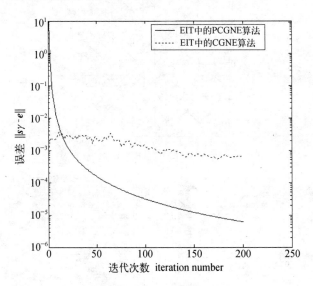

图 4.3 算法收敛性比较

4.2.3 实验结果

用上述 CGNE 和 PCGNE 方法,分别通过计算机模拟和利用实验测量数据进行 EIT 成像. 首先应用 FEM 数值分析方法, 通过求解 EIT 正问题来获得模拟的测量电压数据. 由于在实际测量过程中测量值不可避免地会受到噪声影响, 故在计算机模拟中也叠加随机噪声, 信噪比为 SNR＝33 dB.

图 4.4(a) 为阻抗图像重建的 FEM 离散模型 1, 被测区域剖分成 200 个三角单元, 共有 121 个节点, 32 个电极分布在外围 32 个节点处. 图 4.4(b) 所示为实际阻抗分布图像. 采用具有正则化因子预处理的共轭梯度算法进行成像, 成像结果如图 4.4(c) 所示, 重建误差为 1.5%.

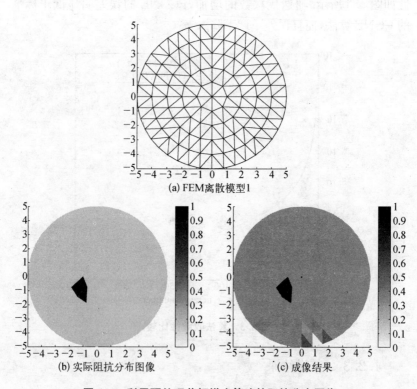

(a) FEM离散模型1

(b) 实际阻抗分布图像   (c) 成像结果

图 4.4 利用预处理共轭梯度算法的阻抗分布图像

　　我们还利用课题组研制的实验装置进行实测,对获得的数据进行阻抗图像重建. 在直径为 18 cm 的圆柱形盐水槽中注入阻抗率约为 500 cm、浓度为 0.9％的生理盐水,水面高度为 3.5 cm,盐水槽周围分布有 16 个电极. 在盐水槽中放入一个直径为 3 cm 的塑料制品(阻抗率约 800 cm)作为异物. 按照相邻法的测量模式,在外围电极上注入 50 kHz、5 mA p‐p 的正弦电流信号,共采集到 16×13=208 个电压测量数据. 为进行动态成像,需采集两组电压测量数据,第一组为无异物时的电压值,第二组为放入异物时的电压值. 将被测区域剖分成 32 个三角单元共 25 个节点,周围分布 16 个电极,如图 4.5(a)所示的阻抗重建 FEM 离散模型 2. 同样采用上述方法进行阻抗图像重建,图 4.5(b)为实际阻抗分布图,图 4.5(c)为实验结果,重建误差为 1.68％.

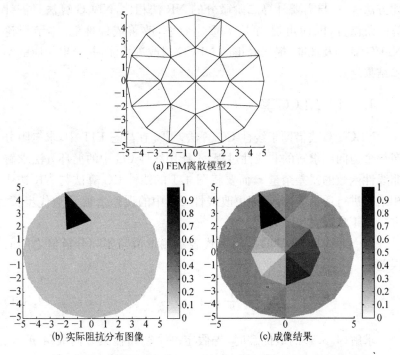

(a) FEM离散模型2

(b) 实际阻抗分布图像　　　　　　　(c) 成像结果

图 4.5　实际测量数据的利用预处理共轭梯度算法的阻抗分布图像

性能对比表明,采用具有正则化预处理因子的共轭梯度算法,由于减小了系数矩阵条件数,因而可加快算法收敛性. 计算机模拟和盐水槽实验成像结果亦表明,线性共轭梯度算法运用于 EIT 进行近似求解时,当在动态成像中阻抗变化量较小时,成像可达到一定的精度.

4.3   基于非线性共轭梯度静态 EIT 图像重建

当阻抗变化量较大时,上述线性化近似方法会引入较大的误差. 本节进一步讨论非线性 CG 算法(NLCG)在 EIT 中的应用.

当函数在区域内具有连续梯度时,NLCG 可有效地解决函数的最小化问题. 在 EIT 求逆问题中常用传统的 Newton-Raphson 类重建方法[3−5]. 与需要计算二阶微分的 NR 法相比,NLCG 算法只需计算一阶微分,因而可提高 EIT 重建效率,改善成像性能. 本节讨论 NLCG 算法及性能,提出修正的 NLCG 以改进性能,并给出相应的实验结果.

4.3.1   NLCG 算法

NLCG 算法借助于线性 CG 算法[42,91]. 在静态 EIT 中,求电阻分布是个逆问题求解的非线性过程,不能用线性 CG 中的循环方法求解非线性函数的误差余量 r,而要将图 4.1 的线性 CG 算法与 NR 迭代相结合进行适当的修改,即更改线性 CG 中的误差余量 r、迭代步长、方向校正参数 β.

对一非线性求解问题,用下式表示测量值与实际分析值之间的误差:

$$f(x) = \frac{1}{2} \| F(x) - V_\circ \|^2 \qquad (4.3.1)$$

求解(4.3.1)的最优解时,先假定一个初始搜索方向矢量 $p^{(-1)}$、校正参数值 $\beta^{(0)}$、最小误差值 ε,则 NLCG 算法[42]如图 4.6 所示.

```
        start
            for k = 0,1···
                if || ∇f(x^(k)) || ≤ ε
                stop
                else
                    β^(k) = || ∇f(x^(k)) ||² / || ∇f(x^(k−1)) ||²
                    p^(k) = −∇f(x^(k)) + β^(k) p^(k−1)
                    α^(k) ← line search
                    x^(k+1) = x^(k) + α^(k) p^(k)
                end
            end
```

图 4.6　非线性共轭梯度算法

可见,NLCG 算法只需计算梯度 $\nabla f(x)$,而不必计算二阶微分,因而运行中所需存储量较小. 事实上每次迭代只需存储三个矢量 $x^{(k)}$、$p^{(k)}$、$\nabla f(x^{(k)})$,而且不必像线性系统一样通过求解来决定搜索方向矢量,可见 NLCG 算法较适合求解大的非线性系统问题[93].

4.3.2　性能分析

运用常规 NLCG 算法可重建 EIT 阻抗图像,但非线性 NLCG 算法的收敛性有严重的瓶颈问题. 事实上用公式(4.3.1)求 EIT 逆问题的最优解时,一是搜索方向可能会失去它的共轭性使算法发散,二是函数可能存在许多局部极小. 这意味用常规 NLCG 算法求 EIT 逆问题时,解相当不稳定,算法收敛很慢甚至发散[42]. 同时,NLCG 虽然不计算 Hessian 矩阵,但求解 EIT 逆问题时仍需计算雅可比矩阵:

$$f' = \nabla f(x) = F'(x)(F(x) - V(x)) \tag{4.3.2}$$

其中 $F'(x) = J = \dfrac{\partial F_i}{\partial x_j}$ 为雅可比矩阵. 雅可比矩阵的条件数同样

很大,求逆时亦会使解不收敛甚至发散.

可见,用常规 NLCG 求解 EIT 时算法相当不稳定性.为解决此问题,考虑对常规 NLCG 算法进行适当修改.针对 EIT 特有的病态性进行正则化,通过修正共轭搜索方向矢量,使问题在一定的条件下达到收敛.

在扩散光学层析成像(Diffuse Optical Tomography,DOT)中,人们使用正则化 NLCG 算法求解病态的逆问题[119],对搜索方向矢量 $\boldsymbol{p}^{(k)}$ 作如下改变:

$$\boldsymbol{p}^{(k)} = -(\nabla f(\boldsymbol{x}^{(k)}) + \mu \boldsymbol{I}\boldsymbol{x}) + \beta^{(k)} \boldsymbol{p}^{(k-1)} \qquad (4.3.3)$$

其中,$\boldsymbol{I}$ 为单位矩阵,μ 为正则化参数.

在 EIT 中可适当改变梯度矢量以减小雅可比矩阵条件数,从而加快算法收敛.即在方向矢量中的梯度矢量前乘一修正因子:

$$\boldsymbol{M}^{-1} \cdot \nabla f(\boldsymbol{x}^{(k)}) \qquad (4.3.4)$$

$\boldsymbol{M} \in R^{k \times k}$ 为正定对角矩阵.我们借助第三章提出的基于指数加权的正则化方法选取 $\boldsymbol{M}$:

$$\boldsymbol{M}^{(k)} = \xi \cdot \mathrm{diag}[m^{(k)}]$$

$$m = 1 - \beta^{(K-k)}; \beta < 1 \qquad (4.3.5)$$

(4.3.5)中的 K 是最终迭代次数,ξ 为增量系数.

采用公式(4.3.4)对图 4.6 的常规 NLCG 算法进行适当改进,即把搜索方向矢量 $\boldsymbol{p}^{(k)}$ 改变为:

$$\boldsymbol{p}^{(k)} = -(\boldsymbol{M}^{-1} \cdot \nabla f(\boldsymbol{x}^{(k)}) + \mu \boldsymbol{I}\boldsymbol{x}) + \beta^{(k)} \boldsymbol{p}^{(k-1)} \qquad (4.3.6)$$

通过这样修正方向矢量,使雅可比矩阵条件数降低而可明显改善算法的收敛性,提高成像的效率.

我们采用文献[120]提出的线性搜索方法确定迭代步长 $\alpha^{(k)}$.取两个正的参数 τ_1 和 τ_2,在一个给定的搜索方向矢量 $\boldsymbol{p}^{(k)}$ 下以一个较大的步长先开始迭代,$\alpha^{(k)} = 1$,然后乘以一个小于 1 的因子 τ_2 逐渐

减小迭代步长:

$$\alpha^{(k)} \leftarrow \tau_2 \cdot \alpha^{(k)} \qquad (4.3.7)$$

直到下式满足为止:

$$f(x^{(k)} + \alpha^{(k)} p^{(k)}) \leqslant f(x^{(k)}) + \tau_1 \alpha^{(k)} p^{(k)} \nabla f(x^{(k)}) \qquad (4.3.8)$$

参数 τ_1 表示有效减少 $f(x^{(k)})$ 幅度的程度,可令 $\tau_1 = 0.1$,即减少 10%. τ_2 取 (0,1) 之间的任意值.

具有修正因子的 NLCG 算法在图 4.7 中给出.

```
start
    for k = 0,1⋯
        if || ∇f(x^(k)) || ≤ ε
            stop
        else
            β^(k) = || ∇f(x^(k)) ||² / || ∇f(x^(k-1)) ||²
            p^(k) = -(M⁻¹ · ∇f(x^(k)) + μIx) + β^(k) p^(k-1)
            line search
            α^k = || ∇f(x^(k)) ||⁻¹
        while
            f(x^(k) + α^(k) p^(k)) > f(x^(k)) + τ₁α^(k) p^(k) ∇f(x^(k))
            α^(k) = τ₂ · α^(k)
        end
            x^(k+1) = x^(k) + α^(k) p^(k)
        end
    end
```

图 4.7　修正的非线性共轭梯度算法

以下通过 EIT 图像重建模拟实验,对 NLCG 算法和 MNLCG 算法进行性能比较. 实验条件如下:剖分数为 200 个三角单元,共 121 个节点,周围分布有 32 个电极. 在相同的测试条件下,二者的误差余量收敛程度的比较如图 4.8 所示.

可见,对非线性 EIT 求逆问题时,用式(4.3.6)的 MNLCG 与式

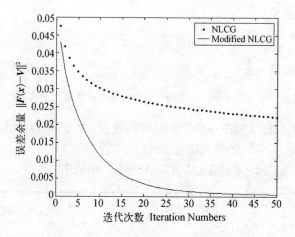

图 4.8　算法收敛性比较

(4.3.3)所示 NLCG 方法相比,误差余量有明显改善. 测试中 β 取 0.97, ξ 取 0.08,正则化因子 μ 都取 10^{-4}, τ_1 取 0.1, τ_2 取 0.5,两者都加入了高斯随机噪声,信噪比为 39 dB.

　　在实验中,设定预期误差余量为 10^{-3},经过 36 次迭代后,修正的 NLCG 算法能收敛到预先设定值,测试结果值为 0.91×10^{-3},可见算法在满足一定的条件下,能达到预先设定到的收敛值. 测试中亦发现若设定值太小,由于 EIT 的病态非线性特点,以及电压数据量的局限性,误差余量不可能收敛到很小的值,在接近 10^{-4} 左右时不再下降,而作上下摆动. 在相同条件下,公式(4.3.3)的 NLCG 算法收敛慢,在经过 36 次迭代后,误差余量只达到 2.45×10^{-2}. 可见具有修正因子的 NLCG 算法比一般的正则化 NLCG 算法收敛速度快.

4.3.3　实验结果

　　分别用模拟和实际实验装置测量方法对本章提出的方法进行 EIT 成像实验. 先用 FEM 数值分析方法通过求解正问题获得模拟的

测量电压数据. 考虑到实际测量值不可避免地会受到噪声影响, 故在仿真实验中也叠加随机噪声(SNR＝37 dB).

初始阻抗分布设定为 100 cm^{-1}. 图 4.9(a)所示为实际阻抗分布图像. 由于 NLCG 算法对大数据量求逆处理性能明显, 因此采用与图 4.4(a)相同的 FEM 模型, 即用大网格进行图像重建. 采用修正的 NLCG 算法进行成像, 正则化因子 μ 取 10^{-4}. 经过 36 次迭代, 成像的结果如图 4.9(b)所示.

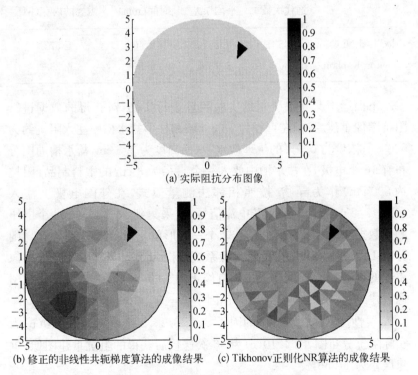

(a) 实际阻抗分布图像

(b) 修正的非线性共轭梯度算法的成像结果　(c) Tikhonov正则化NR算法的成像结果

图 4.9　模拟数据的 EIT 图像重建结果

作为比较, 我们将修正的 NLCG 算法与 Tikhonov 正则化 Newton-Raphon 算法进行对比, 在同样条件下, 在 CPU 主频为 2.4 GHz 的计算机上以 MATLAB 6.0 为计算平台, 经过 36 次迭代.

用两种方法重建的平均误差、所需时间、占用内存情况如表 4.1 所示.
成像结果见图 4.9(c). 可见,采用修正的 NLCG 法由于只计算函数的
一阶导数,其计算复杂度明显低于 NR 算法. 虽然 NR 算法的重建误
差略小一点,但综合考虑各方面因素,当大数据量较大时使用 NLCG
算法是合理的.

表 4.1　模拟数据的 EIT 图像重建结果对比表

	迭代次数	平均误差	时间(min)	需要的内存(M)
Modified NLCG	36	3.26%	2.40	1.572
Newton-Raphon	36	2.13%	6.50	6.268

下面运用课题组研制的实验装置进行实测,对获得的数据进行
阻抗图像重建. 我们在直径为 18 cm 的圆柱形盐水槽中注入阻抗约为
500 cm、浓度为 0.9% 的生理盐水,水面高度为 3.5 cm,盐水槽周围分
布有 16 个电极,在盐水槽中放入一个直径为 3 cm 的塑料制品(阻抗
约 800 cm)作为异物. 按照相邻法测量模式,在外围电极上注入
50 kHz、5 mAp-p 的正弦电流信号,共采集到 $16 \times 13 = 208$ 个电压
测量数据. 将被测区域剖分成 32 个三角形单元,共有 25 个节点,周围
分布 16 个电极(利用搭建的实验系统). 图 4.10(a)所示为阻抗图像
重建的 FEM 模型. 同样采用具有修正因子的 NLCG 方法进行阻抗图
像重建. 测试中,$\beta = 0.98$,修正因子 $\xi = 5 \times 10^{-5}$,正则化因子 $\mu =$
0.8,线性搜索迭代步长中的因子 $\tau_1 = 0.1$,$\tau_2 = 0.6$. 图 4.10(b)为
实际阻抗分布图,图 4.10(c)为 36 次迭代后获得的阻抗重建图像,重
建误差为 11.56%.

可见,具有修正因子并加入正则化的非线性共轭梯度算法,由于
正则化能克服 EIT 求逆问题时所带来的不稳定因素,修正因子可加
快算法的收敛性,因而采用这种处理方法可较好地减轻 EIT 图像重
建中所特有的病态性,提高 EIT 重建图像的收敛性.

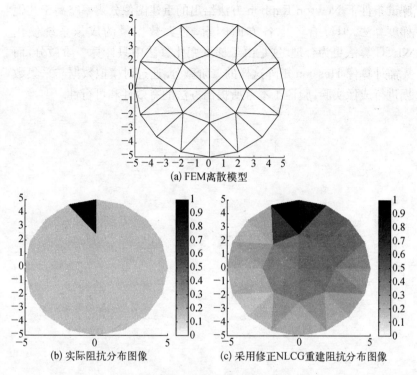

(a) FEM离散模型

(b) 实际阻抗分布图像   (c) 采用修正NLCG重建阻抗分布图像

图 4.10   实际测量数据的阻抗分布图像

4.4   小结

本章研究了用于动态电阻抗成像中的线性共轭梯度算法并分析了性能. 采用具有预处理因子的共轭梯度算法, 可加快算法的收敛. 针对 EIT 逆问题求解中特有的病态性, 在预处理时加入正则化, 通过降低系数矩阵的病态性提高了重建图像的分辨率. 对于具有严重病态的非线性问题, EIT 在求逆时具有不稳定性, 因而我们提出了具有修正因子的非线性共轭梯度迭代算法, 用于 EIT 求解. 对于成像算法, 需考虑其收敛速度、计算时间和对存储量的要求. 虽然在相同的测试条件下 Newton-Raphon 方法给出的重建图像分辨率略高于共轭梯度算法,但综合考虑各方面因素,对大数据量的成像系统使用 NLCG 算法更为合理. 这是由于梯度变化算法中只计算一阶微分,而无需计算像 Hessian 矩阵这样的二阶微分. 通过对模拟数据与采集数据进行成像实验,验证了本章所提出方法的有效性和可行性.

第五章 阈值正则化动态 EIT 图像重建

5.1 动态 EIT 图像重建

动态 EIT 阻抗成像指在一定的条件下对生物体阻抗的变化值成像,即利用线性化模型进行动态成像. 目前主要归纳为两大类:等位线逆投影法和敏感系数法. 这两种方法基本核心一样,可归结为线性加权,只是由不同的研究人员在不同的时间提出. 本章先介绍这两种方法的要点,然后针对病态性问题,提出利用奇异值分解并加阈值正则化改进成像精度.

5.1.1 等位线逆投影法

等位线逆投影法最早由 Barber 于 1983 年提出[121],基本原理如下. 将物体内被测区域边界电压的变化 $\Delta\boldsymbol{\Phi}$ 加权,背投影为与边界测量点处于同一条等位线点的象素(FEM 网格剖分后的单元)的阻抗变化值 Δr:

$$\Delta r = \boldsymbol{W} \cdot \Delta\boldsymbol{\Phi} \tag{5.1.1}$$

其中 $\boldsymbol{W}$ 为逆投影的加权系数.

逆投影算法实现可通过下式完成:

$$\Delta \boldsymbol{r}(k) = \frac{1}{M} \sum_{i=1}^{M} \sum_{j=1}^{N} \left[\boldsymbol{T}_{ij}(k) \cdot \frac{(Z_{ij}^{(D)} - Z_{ij}^{(H)})}{Z_{ij}^{(H)}} \right] \tag{5.1.2}$$

其中:

(1) $k = 1, 2, \cdots, m$ 为 FEM 网格单元编号.

(2) M 为驱动电流模式数,N 为电压测量的电极数.

(3) r 为相对阻抗变化值.

(4) $Z_{ij}^{(I)}$ 和 $Z_{ij}^{(H)}$ 分别为 i 驱动电流模式、j 电极对条件下进行电压测量时,阻抗变化后和变化前的转移阻抗.

(5) $T_{ij}(k)$ 取值为 0 或 1,在 i 驱动电流模式下,如单元 k 处在 j 电极的等位线上,则取 1,否则取 0.

假定被测区域内介质为各向同性,且忽略介电常数对测量值的影响,等位线逆投影算法实现步骤如下:

(1) 分别测量被测区域阻抗变化前后的边界电极上的独立测量电压值.

(2) 根据施加的电流数据,计算被测区域电抗变化前后的独立转移值.

(3) 根据有限元分析方法(FEM)计算 $T_{ij}(k)$ 矩阵.

(4) 根据公式(5.1.2)计算各单元的相对阻抗变化值.

(5) 由阻抗变化值重建出动态的 EIT 图像.

5.1.2 敏感系数法

敏感系数法根据 Geselowitz 和 Lehr 导出的敏感定理实现阻抗

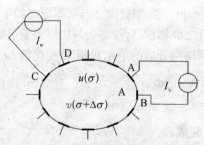

图像重建[122−123]. 图 5.1 所示为对被测区域 A 的阻抗变化测量图. 考虑二维区域 A,当电导率分布为 σ 时,在(A, B)电极处加电流 I_ϕ,其电位分布为 $u(\sigma)$. 当电导率分布变为 $\sigma + \Delta\sigma$ 时,在(C, D)电极处加电流 I_φ,其电位分布为 $v(\sigma + \Delta\sigma)$.

图 5.1 测量阻抗变化的示意图

区域 A 内的转移阻抗变化 ΔZ 与电导率变化 σ 有如下的关系:

$$\Delta Z = -\int_A \Delta\sigma \cdot \frac{\nabla u(\sigma)}{I_u} \cdot \frac{\nabla v(\sigma + \Delta\sigma)}{I_v} dA \qquad (5.1.3)$$

$\Delta Z = \dfrac{u_{AB}}{I_\varphi} - \dfrac{v_{CD}}{I_\varphi}$ 为转移阻抗变化量，A 为积分区域. 如电导率变化 $\Delta\sigma$ 很小，则近似有：

$$\nabla v(\sigma + \Delta\sigma) = \nabla v(\sigma) \tag{5.1.4}$$

代入(5.1.3)式，则：

$$\Delta Z = S\Delta\sigma \tag{5.1.5}$$

其中：

$$S = -\int_A \frac{\nabla u(\sigma)}{I_u} \cdot \frac{\nabla v(\sigma + \Delta\sigma)}{I_v} \mathrm{d}A \tag{5.1.6}$$

S 称为敏感系数，与 $\Delta\sigma$ 无关. 用 FEM 离散化后(5.1.6)式变为

$$\Delta Z_i = \sum_{j=1}^m S_{ij} \cdot \Delta\sigma_j, \; Z = -\sum_{k=1}^m S_{ij} \cdot \sigma_j, \; i = 1,2,\cdots,n \tag{5.1.7}$$

其中 m 为离散的网格数，n 为独立测量电压数. S 矩阵由 FEM 分析求得：

$$S_{ij} = -\frac{1}{I_u I_v} u_e^T \frac{bb^T + cc^T}{4\Delta} v_e \tag{5.1.8}$$

其中

$b^T = (b_1,b_2,b_3), \; c^T = (c_1,c_2,c_3)$

$b_1 = y_2 - y_3, \; c_1 = x_3 - x_2$

$b_2 = y_3 - y_1, \; c_2 = x_1 - x_3$

$b_3 = y_1 - y_2, \; c_3 = x_2 - x_1$

$\Delta = (x_2 y_3 - x_3 y_2 + x_3 y_1 - x_1 y_3 + x_1 y_2 - x_2 y_1)/2$

$u_e^T = (u_1,u_2,u_3), \; v_e^T = (v_1,v_2,v_3)$

x，y 为二维网格坐标，u_i，$v_i (i=1,2,3)$ 为三角网格节点电位．由测量电压的变化量 (u,v) 和 S 的 Moore-Penrose 广义逆 S^+，即可求出电导率的变化.

$$\Delta\boldsymbol{\sigma} = \boldsymbol{S}^+ \Delta\boldsymbol{Z} \qquad (5.1.9)$$

由于建立 EIT 模型时引入的误差，电极的误差及测量噪声等，S 矩阵条件数很大，因此在实际使用中要进行正则化处理，如 Tikhonov 正则化等. 改善阻抗重建图像的病态性是提高 EIT 成像精度很重要的一步.

5.2 奇异值分解法(SVD)的敏感系数矩阵求逆

用线性化敏感系数法求解 EIT 逆问题时，关键在于求 S 的广义逆矩 S^+. 广义逆矩阵最直接构造方法是利用奇异值分解[124—125,43]. 将系数矩阵 $S \in R^{n\times m}$ 进行奇异值分解：

$$S = UDC^T \qquad (5.2.1)$$

其中 $U \in R^{m\times n}$ 和 $C \in R^{m\times m}$ 分别是 n 阶和 m 阶酉矩阵. D 为对角线矩阵：

$$D = \begin{pmatrix} \lambda_1 & & & & | & \\ & \cdot & & & | & \\ & & \cdot & & | & 0 \\ & & & \cdot & | & \\ & & & & \lambda_r & | \\ - & - & - & - & - & - \\ & & 0 & & | & \end{pmatrix}_{m\times n} \qquad (5.2.2)$$

其中 $\lambda_i > 0$，$(i=1,\cdots,r)$ 为系数矩阵 S 的特征值，即奇异值. 则 S 矩阵的广义逆阵 S^+ 为：

$$S^+ = C \begin{pmatrix} \lambda_1^{-1} & & & & & \vline & \\ & \bullet & & & & \vline & \\ & & \bullet & & & \vline & 0 \\ & & & \bullet & & \vline & \\ & & & & \lambda_r^{-1} & \vline & \\ \hline & & & 0 & & \vline & \end{pmatrix}_{m \times n} U^H \qquad (5.2.3)$$

EIT 成像中敏感系数矩阵常为病态,其病态性以条件数即最大奇异值与最小奇异值的比值 λ_1/λ_r 来衡量. 当最小奇异值趋于零时,条件数极大,会引起 EIT 图像的严重不稳定. 利用奇异值分解构造广义逆矩阵时,对小的奇异值求倒数,则会加强误差和干扰对广义逆矩阵的影响,降低重建图像的性能.

对于小的奇异值影响重建图像性能,可进行正则化处理. 设定某一个下限 λ_p,当奇异值小于此值时,令其逆值为 0,反之则逆值等于原奇异值的倒数,即:

$$S^+ = \mathrm{diag}(\lambda_i^+) \qquad (5.2.4)$$

这种简单的正则化处理方法称为截断奇异值分解(truncated singular value decomposition,TSVD)[43],用这种方法可克服较小的奇异值所带来的病态性问题.

5.3 基于阈值正则化敏感系数的动态 EIT 重建方法

为了简化对动态 EIT 问题的分析,假设区域内阻抗变化量与区域外围电压变化量近似成线性关系. 设阻抗的变化量在一较小范围内,因而可采用上节的敏感系数法. 但在实际情况下线性化近似势必引起一定的误差,同时由于采集系统中测量噪声和电极接触阻抗的影响等,都会使敏感系数矩阵 S 矩阵产生病态性,使相应的条件数变得很大.

Yorkey 等发现[126]，当被测区域离散化后，具有较小特征值（奇异值）的特征向量对应于靠近中心的不敏感区域；而具有较大特征值（奇异值）的特征向量则对应于靠近边界、敏感度较强的区域，这正是 EIT 固有的病态特征.

删除小的奇异值虽然可以减小 S 矩阵条件数，减轻 EIT 的病态性，但这是以牺牲中心区域阻抗分布信息为代价的，因此这种正则化方法虽然可提高重建算法的鲁棒性，同时也降低了重建图像的质量.特别是当被测物体中心区域发生阻抗异变时，成像效果很不理想.

本节提出一种基于阈值的正则化奇异值分解法，用来构造近似的广义逆矩阵.首先将敏感系数矩阵进行奇异值分解，得到为式（5.3.1）的形式，其次构造下列函数：

$$P(\lambda_i) = \frac{1}{\lambda_i + \mu_1} U(\lambda_i - \beta) + \left(\frac{1}{\lambda_i + \mu_2}\right) U(\beta - \lambda_i), \ i = 1, \cdots, r$$

$$(5.3.1)$$

其中 U 为单位函数，β 为阈值，$\beta > 0$. μ_1 和 μ_2 为正则化因子.在算法实现中，取 $\mu_1 = C^{-1} \cdot \beta$，$\mu_2 = C \cdot |\lg \lambda_i|$. 当 $\lambda_i > \beta$ 时，$P(\lambda_i) = \frac{1}{\lambda_i + \mu_1} U(\lambda_i - \beta)$. 当 $\lambda_i < \beta$ 时，$P(\lambda_i) = \left(\frac{1}{\lambda_i + \mu_2}\right) U(\beta - \lambda_i)$，$C$ 为任意正整数，这里取剖分的三角形单元数的倒数.当取定一个 β 值时，$p(\lambda_i)$ 中第一项的作用是克服 $\lambda_i > \beta$ 和 λ_i 较小时引起 EIT 成像精度低的缺点；$p(\lambda_i)$ 中第二项的作用是改善 $\lambda_i < \beta$ 情况下（即中心区域成像时）的成像精度.这样，当 λ_i 很小时，既能改善小的奇异值所带来的较大相对误差，又可改善中心区域的成像质量.这种处理方法的要点是设定一个阈值，在阈值两侧采用不同的正则化因子.这一方法与使用相同正则化因子的动态 EIT 相比，能提高成像精度，尤其是改善中心区域成像效果.

具体方法如下.首先对 S 矩阵进行奇异值分解，用公式（5.3.1）对奇异值进行修正，然后求广义逆阵 S_β，即：

$$S_\beta = C \begin{bmatrix} p(\lambda_1) & & & & | & \\ & \cdot & & & | & \\ & & \cdot & & | & 0 \\ & & & \cdot & | & \\ & & & p(\lambda_r) & | & \\ - & - & - & - & - & - \\ & & 0 & & | & \end{bmatrix}_{m \times n} U^H \qquad (5.3.2)$$

若 $\beta \to 0$，则 $S_\beta \to (S)^+$，$\Delta\boldsymbol{\sigma} = (S)^+ \Delta\boldsymbol{Z}$.

对于重建图像的质量，除了 μ_1 和 μ_2 的取值外，阈值 β 的合理取值亦很重要. 我们在具体算法实现中，先选取一个较大的初始 β 值(比如 10)，然后依次减半，直到某一 β 值使重建的阻抗分布误差最小. 令误差为：

$$\Phi_{\text{err}} \equiv \sqrt{\frac{[\Delta\boldsymbol{V}_0 - f(\Delta\boldsymbol{\sigma})]^T [\Delta\boldsymbol{V}_0 - f(\Delta\boldsymbol{\sigma})]}{\Delta\boldsymbol{V}_0^T \Delta\boldsymbol{V}_0}} \qquad (5.3.3)$$

其中 $\Delta\boldsymbol{V}_0$ 为测量电压变化值，$\Delta\boldsymbol{\sigma}$ 为选定某一 β 值时的重建阻抗变化值. $f(\Delta\boldsymbol{\sigma})$ 为对应 $\Delta\boldsymbol{\sigma}$ 所获得的电压分布变化值.

5.4 实验结果

我们分别用 FEM 数值分析方法模拟测量数据和 EIT 采集实验系统所获得的实际采集测量数据进行实验.

首先应用 FEM 数值分析方法进行计算机模拟. 在模拟测量电压数据上叠加不同信噪比的随机噪声，采用阈值正则化奇异值分解法进行动态电阻抗图像重建.

首先讨论噪声对重建图像的影响. 在相同实验条件下，在模拟产生的电压测量数据上叠加不同方差的零均值噪声. 在一定阈值参数 β (如 $\beta = 10^{-5}$)下，进行电阻抗图像重建. 图 5.2(a) 为 FEM 模型 1，5.2(b)为设定的实际阻抗分布图像. 将被测区域剖分成 200 个三角形

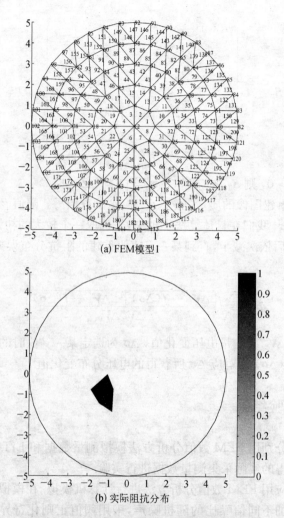

(a) FEM模型1

(b) 实际阻抗分布

图 5.2　FEM 模型和实际阻抗分布

单元,共有 121 个节点,外围 32 个节点处分布有 32 个电极. 设在图 5.2(b)的原始电阻抗分布中标号为 No. 22、No. 23、No. 24 单元处的阻抗变化为 $100\ \Omega \cdot cm$,其它单元处为 $50\ \Omega \cdot cm$. 表 5.1 给出了不同噪声条件下动态电阻抗图像重建的情况.

表 5.1　不同噪声情况下重建阻抗分布图像

信噪比	SNR＝37 dB	SNR＝31 dB
重建阻抗分布		
重建误差	6.97％	39.85％
信噪比	SNR＝28 dB	SNR＝22 dB
重建阻抗分布		
重建误差	62.48％	562.38％

表 5.2　重建误差随 β 而变的分布图及最佳
所获得的重建阻抗分布图像

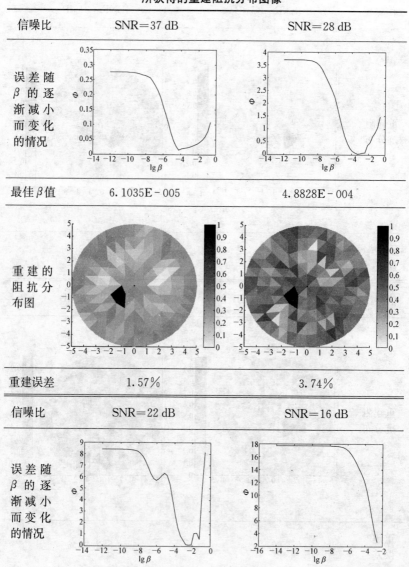

信噪比	SNR＝37 dB	SNR＝28 dB
误差随 β 的逐渐减小而变化的情况		
最佳 β 值	6.1035E－005	4.8828E－004
重建的阻抗分布图		
重建误差	1.57%	3.74%
信噪比	SNR＝22 dB	SNR＝16 dB
误差随 β 的逐渐减小而变化的情况		

续　表

信噪比	SNR=37 dB	SNR=28 dB
最佳 β 值	0.0039	0.0050
重建的阻抗分布图	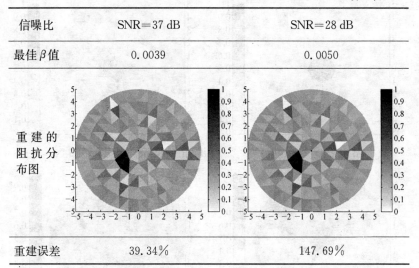	
重建误差	39.34%	147.69%

其次,我们对阻抗异变处在中心区域处进行讨论. 由于被测区域通过 FEM 离散化后,小的特征值对应于靠近中心的不敏感区域;大的特征值对应于靠近边界敏感度较强的区域. 删除小的特征值对应的特征向量信息,虽然可减轻 EIT 成像的病态性,却是以牺牲中心区域阻抗分布信息为代价的.

我们在计算机模拟中假设中心区域阻抗为 $70\ \Omega\cdot cm$,其它区域的阻抗为 $50\ \Omega\cdot cm$. 图 5.3(a) 为原始阻抗分布图. 在模拟产生的测量电压数据上叠加 SNR=39 dB 的噪声. 用公式(5.2.6)进行成像,先选定一个最佳的 β 值(设为 10^{-5})进行阻抗重建,成像的结果示于图 5.3(b),重建误差为 19.25%.

对 S 矩阵进行奇异值分解,最大特征值为 0.084 6,最小特征值约为 $2.235\ 7\times10^{-6}$. 在噪声较小且忽略电极接触阻抗的条件下,并假定阻抗变化与采集的电压变化近似为线性关系. 采用阈值正则化奇异值分解法对中心区域阻抗异变处进行动态成像有较好的效果. 实验中发现噪声干扰对中心区域影响很大. 若在测量电压上叠加 SNR=

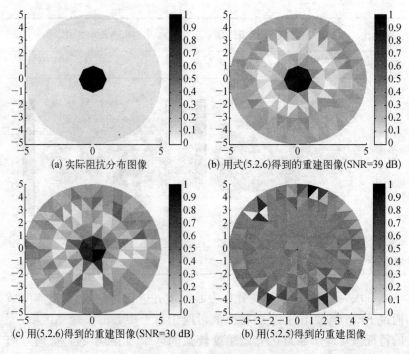

(a) 实际阻抗分布图像
(b) 用式(5.2.6)得到的重建图像(SNR=39 dB)
(c) 用(5.2.6)得到的重建图像(SNR=30 dB)
(b) 用(5.2.5)得到的重建图像

图 5.3　基于模拟数据的阻抗分布重建

30 dB 的噪声,重建结果如图 5.3(c)所示,其重建误差高达 31.44%. 此时若完全忽略小的奇异值,采用公式(5.2.5)进行成像,得到的结果如图 5.3(d)所示,中心区域几乎不能成像. 这说明了本章提出方法的优越性.

　　可见,简单地忽略对应于中心区域信息的小特征值使中心区域无法成像,对整个成像质量影响较大而不可接受,因而在以下对实际测量电压数据进行动态阻抗成像的实验中,仅采用基于阈值的正则化敏感系数法进行电阻抗动态成像.

　　我们利用课题组研制的实验装置进行 EIT 实际测量,对采集获得的电压数据进行阻抗图像重建. 在直径为 18 cm 的圆柱形盐水槽中注入阻抗约为 500 Ω·cm、浓度为 0.9% 的生理盐水,水面高度为

3.5 cm, 盐水槽周围分布有 16 个电极, 在盐水槽中放入一个直径为 3 cm 的塑料制品 (阻抗约 800 Ω·cm) 作为异物. 按照相邻法的测量模式, 在外围电极上注入 50 kHz、5 mA p-p 的正弦电流信号, 共采集到 $16 \times 13 = 208$ 个电压测量数据. 为进行动态成像, 需采集两组电压测量数据, 分别为无异物时的电压值和放入异物后的电压值. 为提高成像精度, 采用第三章提出的自适应网格局部细分法, 在阻抗异变处采用细网格, 而在其余处采用粗网格. 这样既可提高图像重建精度, 又节省了存储空间.

假定根据先验知识已确定被测区域需进行细分, 把被测区域剖分成 35 个三角形单元、28 个节点, 周围分布 16 个电极. 图 5.4(a) 所示为局部细分的 FEM 模型 3, 采用动态成像法进行阻抗图像重建. 图

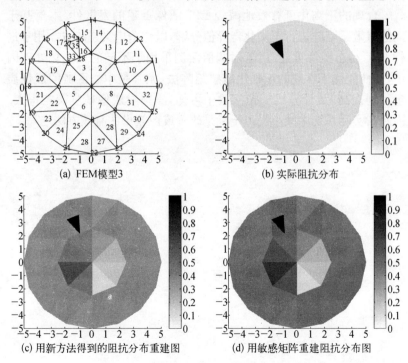

(a) FEM模型3

(b) 实际阻抗分布

(c) 用新方法得到的阻抗分布重建图

(d) 用敏感矩阵重建阻抗分布图

图 5.4　实际测量数据的 EIT 图像重建结果

5.4(b)为实际阻抗分布图,图 5.4(c)为采用阈值正则化奇异值分解法得到的重建结果,重建误差为 1.36%. 在同样实验条件下,采用无阈值正则化敏感系数矩阵法进行图像重建实验,得到图 5.4(d)的重建结果,重建误差为 2.39%.

实验结果表明,基于阈值的正则化敏感系数矩阵的 EIT 动态图像重建法与常规正则化敏感系数矩阵进行动态阻抗成像的方法相比,其重建图像质量较好,在使用相同电极数的情况下成像精度有所提高.

5.5　小结

合理的正则化可有效地减轻 EIT 图像重建的发散性. 本章基于阈值对敏感矩阵进行正则化奇异值分解,以构造广义逆阵 S^+,用于进行 EIT 动态图像重建. 由于对阈值两侧采用了不同的正则化处理因子,其性能优于常规的正则化敏感矩阵法,尤其是中心区域的成像质量得到提高. 从计算机模拟实验中可知,噪声对成像精度影响很大. 因此在实际系统中减小噪声干扰是改善成像效果的有效方法之一.

第六章 复阻抗 EIT 图像重建

6.1 引言

研究表明[127−128],生物体所呈现的阻抗不仅与传导性有关,也与电介质(即电容率)有关. 根据对生物体内细胞组织的研究,细胞膜和细胞液呈现的电特性可用图 6.1 的等效模型表示:细胞膜等效为电容 C_m 与电阻 R_m 的并联,细胞内的液体等效为电阻 R_i,细胞外的液体等效为电阻 R_e.

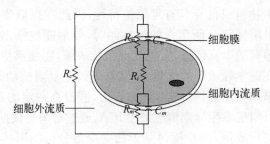

图 6.1 细胞等效电路模型

从上述的等效电路模型中可见,生物体所呈现的阻抗应是个复阻抗,它不仅与传导性有关,也与电介质(即电容率)有关,即人体内部组织器官不仅包括纯电阻性部分(阻抗的实部),还包括容性部分(虚部),无论是纯电阻性部分还是容性部分都携带了丰富的生理和病理信息.

已往的研究表明[129−130],在低频时细胞膜呈现高阻抗,电流主要是通过细胞外流质,在高频时细胞膜上的容抗短路了其上的阻抗,电流可以直接通过细胞膜,因而组织器官的阻抗随频率特性的升高而

降低. 不同生物组织的纯电阻性部分和容性部分的变化范围十分大,

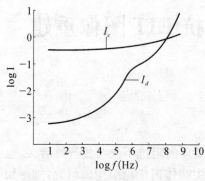

图 6.2　生物组织典型的 I_c 和 I_d

并且其大小将会随着应用频率的不同而变化. 图 6.2 为典型组织在不同频率的电压信号作用下其内部产生电流分布的特性图[1],其中 I_c 为生物组织纯电阻性部分(阻抗实部)引起的传导电流, I_d 为生物组织容性部分(阻抗虚部)引起的位移电流. 从图中可以看出,在频率低于 100 kHz

下,传导电流 I_c 大大高于位移电流 I_d. 大于 100 kHz, I_c 与 I_d 可相比拟,需考虑生物组织的容性部分.

　　由于生物组织自身具有复阻抗特性,因此在提取生物体内部组织器官纯电阻性部分所蕴含的信息同时,如果能挖掘出人体内部容性成分所蕴藏的丰富信息,实现复电阻抗成像,将能够更好的发挥电阻抗成像在医学领域中的优势. 本章首先讨论复阻抗动态图像重建. 接着提出采用独立变量分析(ICA)方法,假设在一定的条件下,对具有多单元处阻抗发生异变情况采用 ICA,通过对采集数据先进行分离后再分别进行成像,初步探讨基于独立变量分析的阻抗图像重建方法,并进行模拟实验.

6. 2　复电阻抗 EIT 的描述

　　复电阻抗 EIT 图像重建同样包含逆问题和正问题的求解[131]. 已知生物体的复电导率分布为 $\sigma(j\omega) = \gamma + j\omega\varepsilon$. 我们考虑被测区域为二维,则 $\sigma(j\omega)$ 可表示为:

$$\sigma(j\omega) = \gamma + j\omega\varepsilon = \begin{pmatrix} \gamma_x & 0 \\ 0 & \gamma_y \end{pmatrix} + j\omega \begin{pmatrix} \varepsilon_x & 0 \\ 0 & \varepsilon_y \end{pmatrix} \qquad (6.2.1)$$

设注入生物体的电流密度为 J_0，则生物体边界的电压分布与人体内部复电导率分布同样满足 Laplance 方程：

$$\nabla \cdot \sigma(j\omega)\nabla\phi = \nabla(\gamma + j\omega\varepsilon)\nabla\phi$$

$$= (\gamma_x + j\omega\varepsilon_x)\frac{\partial^2\phi}{\partial n^2} +$$

$$(\gamma_y + j\omega\varepsilon_y)\frac{\partial^2\phi}{\partial n^2} = 0 \quad \text{on} \quad \partial A \tag{6.2.2}$$

Neumann 边界条件为：

$$(\gamma + j\omega\varepsilon)\partial\phi/\partial n = J_\theta \quad \text{on} \quad \partial A \tag{6.2.3}$$

Dirichlet 边界条件为：

$$\phi = V_0 \quad \text{on} \quad \partial A \tag{6.2.4}$$

其中 V_0 为边界处测量电压，J_0 为边界处电流密度，∂A 为被测区域 A 边界，n 为边界外法线方向. γ 为电导率，ε 为电容率或电介常数. 对生物体而言，可用 $\gamma_x = \gamma_y = \gamma$, $\varepsilon_x = \varepsilon_y = \varepsilon$ 进行模拟测试.

6.2.1 复电阻抗 EIT 正问题求解

正如前所述，在 EIT 图像重建中常用有限元法求解正问题，即把复杂的微分计算问题 $(\nabla \cdot \sigma(j\omega)\nabla\phi = \nabla(\gamma + j\omega\varepsilon)\nabla\phi = 0)$ 转换为代数问题 $(\boldsymbol{YV} = \boldsymbol{I})$，这里 $\boldsymbol{Y}$ 是一个复电导矩阵，它包含了电导率和电容率. FEM 把连续域离散成有限个单元组合体，其中每个三角单元阻抗亦为复阻抗.

由于复阻抗实部和虚部相对幅度比值较大，为提高成像空间分辨率，实现实部和虚部重建，采用第三章提出的局部网格细分法[132]，提高复阻抗图像重建精度. 本章采用去除虚浮节点的细分法：先采用前述的有限元局部细分法，将一个单元剖分为四个细分单元，同时为避免产生虚浮的节点，把细分产生新结点与原网格相邻结点连接，从而又产生三个新的相邻细分网格. 如图 6.3 所示为单元细分方法：

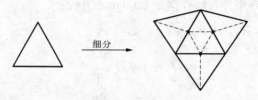

图 6.3　三角单元的细分

6.2.2　复阻抗 EIT 逆问题求解

求解复阻抗 EIT 逆问题,这里采用敏感定理进行动态图像的重建[133].

考虑被测物体具有复阻抗特性,则被测区域 A 内的转移阻抗变化 ΔZ 与电导率变化 $\sigma(j\omega)$ 有如下关系：

$$\Delta Z = -\int_A \Delta\sigma(j\omega)\,\frac{\nabla u(\sigma(j\omega))}{I_u} \cdot \frac{\nabla v(\sigma(j\omega)+\Delta\sigma(j\omega))}{I_v}\mathrm{d}A$$

$$(6.2.5)$$

当 $\Delta\sigma(j\omega)$ 很小,近似有：

$$\nabla v(\sigma(j\omega)+\Delta\sigma(j\omega)) = \nabla v(\sigma(j\omega)) \qquad (6.2.6)$$

则(6.2.5)式可表示为：

$$\Delta Z = S\Delta\sigma(j\omega) \qquad (6.2.7)$$

其中：

$$S = -\int_A \frac{\nabla u(\sigma(j\omega))}{I_u} \cdot \frac{\nabla v(\sigma(j\omega)+\Delta\sigma(j\omega))}{I_v}\mathrm{d}A \qquad (6.2.8)$$

通过计算测量电压的变化量 (u, v) 和求 S 的 Moore-Penrose 广义逆阵 S^+,即可求出电导率的变化.

$$\Delta\sigma(j\omega) = S^+\,\Delta Z \qquad (6.2.9)$$

6.3 复阻抗成像实验结果

针对具有复数特性阻抗的 EIT 进行图像重建仿真实验. 由于实验条件限制, 无法用实际采集系统进行复阻抗实验, 所以 EIT 图像重建实验数据来自应用 FEM 数值分析方法产生的计算机模拟测量数据.

设 32 个均匀电极施加于被测物体周围, 采用相邻电流注入的模式, 则有 $N(N-3)/2 = 464$ 个独立测量电压变量. 假定原始阻抗值为 $\sigma(j\omega) = \gamma + j\omega\varepsilon$, 其中 $\gamma = 50 \text{ s/m}$, $\omega\varepsilon = 5 \text{ s/m}$. 同时假定阻抗值发生异变值为 $\gamma = 80 \text{ s/m}$ 和 $\omega\varepsilon = 5.8 \text{ s/m}$. 在仿真实验中叠加一定的噪声, SNR=33 dB.

首先用图 6.4(a)所示 FEM 模型 1 对被测区域进行剖分, 将被测区域划分成 200 个三角形单元, 共 121 个节点, 外围电极为 32 个. 假定根据前述方法或其他先验知识已判断出三角单元 11 为阻抗异常变化单元, 即需观察研究的部位. 采用局部细分方法进行两次网格细分, 得到图 6.4(b)所示有局部细分网格的 FEM 模型 3, 其中共有 200 个粗网格和 12 个细网格.

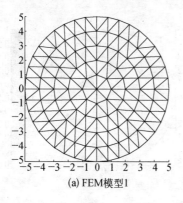

(a) FEM模型1

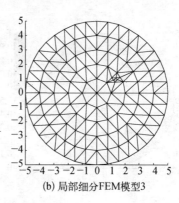

(b) 局部细分FEM模型3

图 6.4 有限元离散模型

设实际原始阻抗分布如图 6.5 所示,其中(a)为实数部分,(b)为虚数部分.应用正则化敏感矩阵法进行阻抗图像重建.先采用粗网格(无细分网格)离散模型进行阻抗成像,结果如图 6.6 所示,重建误差实数部分为 3.1%,虚数部分为 9.3%.然后用细分网格模型进行图像重建,在相同条件下重建误差实部下降到为 2.6%,虚部为 3.4%.重建结果如图 6.7 所示.

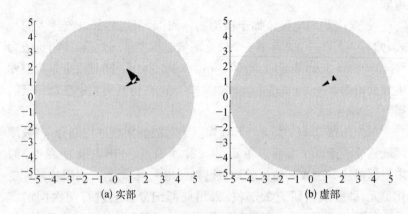

(a) 实部　　　　　　　　　(b) 虚部

图 6.5　原始阻抗分布图像

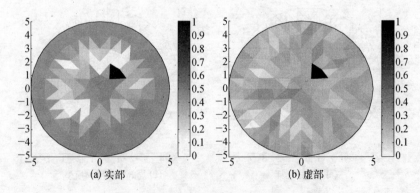

(a) 实部　　　　　　　　　(b) 虚部

图 6.6　粗网格离散模型重建阻抗分布图像

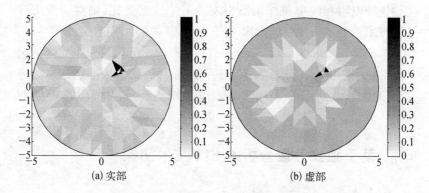

(a) 实部　　　　　　　　　　　　　(b) 虚部

图 6.7　细分网格模型重建阻抗分布图像

通过对具有复阻抗特性物体进行 EIT 图像重建仿真实验表明，若生物体发生变化的阻抗既有实部成分又有虚部成分，则可以对它们分别成像，从而获得各自所携带信息. 正如在绪论中所提及的在一定频率下，生物体具有复电阻特性，无论是纯电阻性部分还是容性部分都携带了丰富的生理和病理信息. 因此在提取出人体内部组织器官的纯电阻性部分所蕴含的信息的同时，能挖掘出人体内部容性成分所蕴藏的丰富的信息，对研究人体生理和病理变化都具有相当重要意义. 本章提出对阻抗实部和虚部分别成像并进行了相应的模拟成像实验.

在一定频率下物体阻抗发生变化时，容性部分变化比电阻部分变化小，虚部阻抗变化不如实部灵敏. 同时数据采集系统中不可避免地存在容性干扰，如电极上和元器件干扰等，这些都会影响成像精度. 这也是 EIT 系统在临床上真正有效应用所面临的困难之一. 因而要在临床应用中实现虚部成像目前还相当困难，本章只是进行了模拟实验. 要实现复阻抗成像，首先需要对采集系统进行改进，即采用多频测量方法，这也是国际上 EIT 发展方向之一[134−135]. 我们进一步考虑，若采用多频测量方法，当超过一定的频率后，数据中必包含了生物体内阻性和容性成分，若能对采集数据进行分析，分别找出由于生物体纯电阻和纯电抗作用所引发的采集数据变化, 则对研究 EIT 成像技术有很大的推动作用. 在下一节中我们采用独立分量分析 (Independent Component Analysis)对具有多单元阻抗发生异变情况进行讨论, 先用 ICA 分离数据, 然后分别成像. 我们根据这一思路进行模拟实验, 为进一步采用多频测量系统进行 EIT 成像作前期的探索.

6.4 基于独立分量分析的 EIT 技术初探

6.4.1 独立分量分析

独立分量分析(ICA)是近年来发展很快的统计方法[136—137], 其目的是把观察到的多维随机变量分离成各子分量. 最早提出 ICA 概念的是 Jutten 和 Herault[138], 当时他们对 ICA 给出了一种相当简单的描述, 即认为 ICA 是从线性混合信号里恢复出一些基本源信号的方法.

ICA 的统计模型, 可用具有一个隐藏的统计变量模型表示为:

$$x = As \qquad (6.4.1)$$

它表示被观察到的数据 x 是由独立分量 s 混合而产生的, 独立分量是隐藏的分量, 意味着它不能直接被观察到, 而且假设混合矩阵 A 也是未知的, 能观察到的仅仅是随机向量 x. 因此必须估计出 A 和 s, 而且必须在尽量少的假设条件下完成求解.

ICA 出发点非常简单, 它假设变量是统计独立的, 而且独立成分是非高斯分布的. 同时假设未知混合阵为方阵. 如果能计算出 A 矩阵的逆矩阵 W, 这样独立变量可求得:

$$s = Wx \qquad (6.4.2)$$

ICA 有许多实际应用[139—143], 如:

(1) 鸡尾酒会问题.

(2) 心电图、脑电图的信号分离问题,功能磁共振图像数据分析以及听觉信号分析等.

(3) 图像和语音信号处理中的图像增强和恢复、语音增强和恢复.

(4) 通信中的信道均衡.

(5) 地球物理信号处理中的探油等.

估计 ICA 模型的主要方法有非高斯的最大化、互信息的最小化、最大似然函数估计. 为分析简单起见,假设所有独立分量都有相同的分布. 为了估计其中的一个独立分量,设 x_i 的线性组合为 $\sum_i w_i x_i$,令:

$$y = W^T x = \sum_i w_i x_i \qquad (6.4.3)$$

这里 W 是一个待定的向量. 如果 W 是 A 矩阵的逆阵中一行,则上式这个线性组合实际上将等于一个独立分量. 事实上,由于矩阵 A 的不确切,因而 W 亦不能给出一个确定的值,但可用不同的估计方法找到一个很接近的估计值,这也就是 ICA 估计的基本原理.

将变量进行一下变换,定义:

$$z = A^T W \qquad (6.4.4)$$

则有:

$$y = W^T x = W^T A s = z^T s \qquad (6.4.5)$$

可见 y 是 s_i 一个线性组合,其权重由 z_i 给出. 因此可把 W 看作是最大化非高斯 $W^T x$ 的一个向量,这样的一个向量对应于 z,则有 $W^T x = z^T s$ 等于其中独立变量 s 中的一个独立分量 s_i.

实现 ICA 的算法简单地可分为两类:第一类为最大和最小化一些相关准则函数. 这类算法的优点是对任何分布的独立成分都适合,但它们要求非常复杂的矩阵运算,计算量很大. 第二类是基于随机梯度方法的自适应算法,该类算法优点是能保证收敛到一个相应的解,其主要问题是收敛速度慢,且收敛与否很大程度上依赖于学习速率参数的正确选择. 近两年来又出现了一种快速 ICA 算法(FastICA),

该算法是基于定点递推算法得到的,它对任何类型数据都适用,同时它的存在使得运用 ICA 分析高维数据成为可能.

6.4.2　ICA 在 EIT 成像中的应用

首先,应用主分量分析方法(PCA),对采集到的原始数据 $\boldsymbol{X}_0$ 进行减维,移去迭加在原始数据上的噪声,得到需处理信号 $\boldsymbol{X}_s$:

$$\boldsymbol{X}_s = \sqrt{\boldsymbol{\Lambda}_s}^{(-1)} \cdot \boldsymbol{U}_s^{\mathrm{T}} \cdot \boldsymbol{X}_0 \tag{6.4.6}$$

其中 $\boldsymbol{\Lambda}_s$ 和 $\boldsymbol{U}_s$ 是信号的奇异值和奇异值矢量.

根据上节所叙述的 ICA 基本原理, $\boldsymbol{X}_s$ 可用各个独立变量通过线性组合而表示,即:

$$\boldsymbol{X}_s = \boldsymbol{MS} \quad \text{或} \quad \boldsymbol{X}_s = \sum_{i=1}^{n} m_i \cdot \boldsymbol{S}_i \tag{6.4.7}$$

其中 $\boldsymbol{M}$ 称为"混合"矩阵. 若 $\boldsymbol{WX}_s = \boldsymbol{WMS} = \boldsymbol{S}$,换句话讲,$\boldsymbol{W} = \boldsymbol{M}^{-1}$,则可求得独立分量 $\boldsymbol{S}$. $\boldsymbol{W}$ 又称为加权矩阵,是混合矩阵的逆运算. 由于 $\boldsymbol{M}$ 和 $\boldsymbol{S}$ 都未知,只有已知 $\boldsymbol{X}_s$,因而采用估计方法进行求解[144—146].

ICA 运用包含了两个部分:学习和处理. 在学习中,ICA 算法使用自然梯度法来求 $\boldsymbol{W}$:

$$\boldsymbol{W}_{k+1} = \boldsymbol{W}_k + \mu_k \cdot [\boldsymbol{I} + 2g(\boldsymbol{y}_k) \cdot \boldsymbol{y}_k^{\mathrm{T}}] \cdot \boldsymbol{W}_k \tag{6.4.8}$$

其中 $\boldsymbol{y}_k = \boldsymbol{W}_k \cdot \boldsymbol{X}_s$,$g(\boldsymbol{y}_k) = \tanh(\boldsymbol{y}_k)$.

在式 (6.4.8)中,$\boldsymbol{I}$ 是单位矩阵,μ_k 是每次迭代时的学习速度,随迭代增加而逐渐减小,一直减小到预设值为止.

ICA 算法的第二部分为实际的源分离过程,即通过求得的 $\boldsymbol{W}$ 来获得解,即:

$$\hat{\boldsymbol{S}} = \boldsymbol{WX}_s \tag{6.4.9}$$

其中 $\hat{\boldsymbol{S}}$ 是对 $\boldsymbol{S}$ 的估计.

　　运用 ICA 对 EIT 进行研究时,设阻抗分布 σ 为所需求解的变量 s,同时加入一定的假定条件. 首先设定通过 FEM 分析获得的各个单元内发生阻抗异变的变量 s_i 为相互独立,发生阻抗异变的阻抗变量通过传感器,在边界所测得的电压值为线性混合所获得,且变量与混合过程为平稳过程. 同时假定发生阻抗异变单元数不超过外围边界测量所需电极数.

　　在 EIT 成像实验中,通过对相邻电极施加电流来获得测量电压,从而反映出物体内部阻抗变化情况. 假如通过 FEM 分析获得的网格单元中多处发生阻抗异变,则测量所获得 EIT 数据是一个多变量数据,它是由每个网格单元处阻抗异变所产生的边界电压混迭而获得. 因而为了提取每个发生阻抗异变信息,考虑采用 ICA 方法,先对测量数据进行处理后再进行成像.

　　设电流通过相邻电极方法加入,共获得 $N(N-3)/2$ 个独立的电压测量值,N 为电极数. 若采用 32 电极系统,则共有 464 个独立电压测量值,这 464 个电压数据作为矩阵 $\boldsymbol{X}$,先通过主分量分析 PCA 得到 $\boldsymbol{X}_s$,然后利用式(6.4.8)计算混合逆矩阵 $\boldsymbol{W}$. 求得 $\boldsymbol{W}$ 后,利用式(6.4.9)获得变量 $\boldsymbol{S}$ 的估计 $\hat{\boldsymbol{S}}$. 每个独立异变阻抗变量对边界电极上测量电压的反映可用下式表示:

$$\boldsymbol{X}_s^i = \boldsymbol{U}_s \cdot \sqrt{\boldsymbol{\Lambda}} \cdot \boldsymbol{W}^{-1} \cdot \hat{\boldsymbol{S}}_i \qquad (6.4.10)$$

其中 $\boldsymbol{X}_s^i$ 表示第 i 个异变阻抗变量时所获得的测量电压值.

　　对于每个变量 $\boldsymbol{X}_s^i$ 所对应的测量电压值,采用 EIT 阻抗图像重建算法,从而重建出每个发生阻抗异变时的阻抗图像分布图.

6.4.3　实验结果

　　我们对上述方案进行计算机模拟实验. 采用 32 电极系统,有限元剖分为 200 个三角形单元,采用相邻法采集数据,则共可获得 464 个独立的电压测量数据. 图 6.8 为有限元剖分模型,同时标上了每个单元的系列数字.

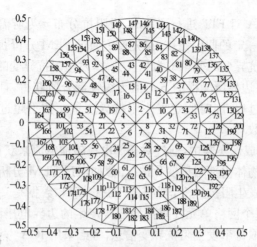

图 6.8   有限元模型

设被测物体阻抗为 $\sigma = 500\,s/cm$，有 4 个三角单元处发生阻抗异变，即在 FEM 模型中标号为 No. 80(源 1)，阻抗为 $\sigma = 600\,s/cm$. 标号 Nos. 97, 98 和 99 的阻抗为 $\sigma = 1\,000\,s/cm$(源 2). 标号 No. 21 的阻抗为 $\sigma = 800\,s/cm$(源 3). 标号 No. 150 的阻抗为 $\sigma = 700\,s/cm$(源 4). 阻抗分布见图 6.9 所示. 用 MATLAB 的 FastICA 工具包进行模拟，对经过 FEM 分析所获得的数据进行分离. 重建算法采用常规的正则化敏感系数法，得到成像结果如图 6.10 所示. 作为比较，对采集到的数据直接应用阻抗重建算法，则具有多处阻抗异变成像效果精度较低，如图 6.11 所示. 可见在被测区域内具有多处发生阻抗突变情况下，采用 ICA 可提高单个阻抗成像精度.

从计算机模拟中可看出，对于被测区域具有多处阻抗发生突变的 EIT 成像问题，用独立分量分析能改善成像系统目标分辨率，每个阻抗异变处的成像精度有所提高. 可见 ICA 是一种有发展前景的方法. 当然，这种目前方法还不成熟，有许多困难问题有待解决. 例如运用 ICA 时所需假设条件与真实的情况相差多少；若进行修正，成像精度是否能得以提高；ICA 在处理 EIT 数据时收敛情况如何等等. 这些工作可成为在今后的研究课题.

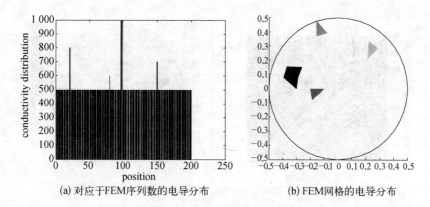

(a) 对应于FEM序列数的电导分布　　　　　(b) FEM网格的电导分布

图 6.9　具有 4 处不同阻抗突变值的电导分布情况

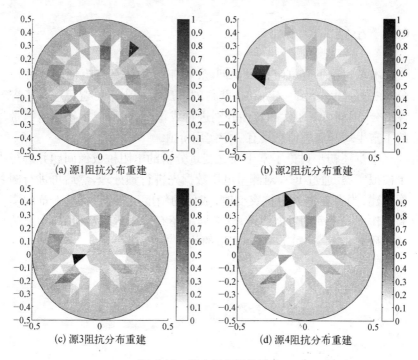

(a) 源1阻抗分布重建　　　　　　　(b) 源2阻抗分布重建

(c) 源3阻抗分布重建　　　　　　　(d) 源4阻抗分布重建

图 6.10　单个目标图像重建

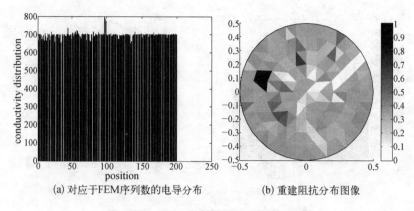

(a) 对应于FEM序列数的电导分布　　　(b) 重建阻抗分布图像

图 6.11　无 ICA 时的重建阻抗分布图像

6.5　小结

　　本章讨论了复电阻抗成像问题. 由于生物体具有阻性和容性成分,在测量频率达到一定值时,获得的电压数据中不可避免包含了容性成分,因而可对阻性和容性分别进行成像,对于研究生物体所携带的丰富生理和病理信息具有一定实用价值.

　　本章还初步讨论了基于独立变量分析的电阻抗成像问题并进行了模拟实验. 通过 ICA 对测量电压数据先进行预处理,然后再进行图像重建,当存在多处阻抗突变时,成像的精度可得到改善. 本章的实验中作了一系列的近似假设,许多问题还有待于进一步研究. 本章的初步研究是下一步 EIT 多频测量的前期工作.

第七章 总结与展望

7.1 总结和比较

医学电阻抗断层成像技术能充分利用人体阻抗所携带的丰富生理和病理信息实现功能成像,它具有对人体检测无创无害而成为当今医学成像研究热点. EIT 图像重建是一个严重病态非线性的逆问题,是 EIT 技术的关键和难点. 因而本论文从提高图像空间分辨率和成像精度出发,着重研究了 EIT 图像重建算法.

本论文的主要成果包括:

提出了采用自适应网格细分法进行 EIT 图像重建. 由于受外围电极数等的影响,有限单元数限制了成像空间分辨率的提高. 采用局部细分进行 EIT 图像重建与均匀剖分相比,既提高了重建图像精度,又节省了存储空间,特别是提高了局部成像的空间分辨率. 本课题组的早期工作曾提出细分的初步算法[65],但对于如何确定细分单元并未给出解决办法. 本文提出了一种网格细分的自适应方法,克服了确定细分单元的盲目性. 与本课题的另一项前期工作[147]相比,本文用相邻阻抗变化确定细分单元的方法具有算法简单并易于实现的优点.

本文针对静态 EIT 图像重建提出了两种方法:基于指数加权矩阵正则化算法和基于 Newton 迭代思想的非线性共轭梯度迭代算法. 前一算法的核心是通过减小 Hessian 矩阵条件数来改善算法收敛性,克服了 Tikhonov 正则化 MNR 算法重建效率低的不足. 非线性共轭梯度迭代算法主要克服大数据量 EIT 成像系统计算量大的缺点. 对有限元网格数很大的 EIT 成像系统,采用共轭梯度迭代算法实用性较好.

　　本文针对动态 EIT 图像重建提出了线性共轭梯度迭代算法和改进敏感系数矩阵法的重建算法. 线性共轭梯度迭代算法可克服大数据量 EIT 图像重建计算量大、算法实时处理困难等不足. 改进敏感系数矩阵法的动态 EIT 重建图像方法的核心是对特征值进行阈值正则化以提高成像的目标分辨率. 此方法的特点在于能改善中心区域阻抗变异的成像精度.

　　本文初步探讨了复阻抗成像方法, 分别对复阻抗的实部和虚部采用敏感系数法进行了模拟成像实验. 运用独立变量分析方法对采集的数据进行分析, 并进行了模拟成像实验. 采用课题组设计的一套 EIT 数据采集实验系统, 实现了本文提出的 EIT 图像重建算法, 验证了所提出重建方法的优越性, 而且通过与模拟测量数据实验进行比较, 也证明了课题组所设计的硬件系统的可行性.

　　表 7.1 总结了本论文讨论的各种 EIT 重建方案, 给出了性能比较.

表 7.1　EIT 图像重建方法比较

重建方法	成像对象	有限元网格数	测试条件	运行时间(sec)	图像重建误差(%)
MNR 算法	静态 EIT	一般	16 电极实际测量, 迭代 36 次	41	10.29
指数加权矩阵正则化算法	静态 EIT	一般	16 电极实际测量, 迭代 36 次	41	7.06
非线性共轭梯度迭代算法	静态 EIT	较多	16 电极实际测量, 迭代 36 次	15	11.56
敏感系数矩阵法	动态 EIT	一般	16 电极实际测量	3	2.39
线性共轭梯度迭代算法	动态 EIT	较多	16 电极实际测量	4	1.68
改进的敏感系数矩阵法	动态 EIT	一般	16 电极实际测量	3	1.36

综合各方法,对大网格数 EIT 系统而言,采用共轭梯度迭代算法是合理且有实际使用价值的. 对较小网格数而言,采用指数加权矩阵正则化算法对静态 EIT 成像是有效的,采用改进敏感系数矩阵法可减小动态 EIT 成像的成像误差.

7.2 尚需解决的问题和对未来的展望

7.2.1 尚需解决的问题

本论文着重研究了二维 EIT 图像重建算法,取得了有理论意义和潜在应用价值的成果. 但 EIT 成像仍存在许多问题有待研究者作进一步的深入探索.

(1)电磁场在人体内分布是非线性,且结构又是非常复杂,对人体内的电磁场分布进行深刻研究,建立更为精确的数理模型是 EIT 技术发展的一个难点,亦是 EIT 技术走向实际应用中迫切需解决的问题之一[8].

(2)EIT 中的已知信息是通过测量布置于体表的电极电压而获得,而电极数有限使获得的信息量小,从而影响重影图像的空间分辨率. 因而在一定的电极数目下,提高成像空间分辨率是 EIT 技术发展所面临的又一大问题.

(3)采集系统的精度直接影响了成像效果. 由于 EIT 系统属于弱信号检测范畴,人体内部 3% 的阻抗变化在体表上仅能得到 0.15% 的测量电压改变,因此,设计高精度、高信噪比数据采集系统,以及设计高性能电极传感器成为 EIT 技术发展中又一重大问题.

7.2.2 对未来的展望

对今后的研究工作,我们提出以下几点设想:

(1)改进硬件系统,特别需研究数据采集系统中关键器件,即作为传感器的电极. 现在很多医学 EIT 系统都使用 Ag/AgCI 电极作为传感器进行数据采集,但电极形状、大小,及电极灵敏度与一致性等对整个数据采集系统性能影响有着至关重要的作用.

（2）采用多频 EIT 测量系统,考虑生物组织容抗信息,从而可以进一步研究生物组织的变化情况. 典型的生物组织的电抗幅度在频率从 10 kHz 变化到 1 MHz 时至少有 50％的下降. 因而采用多频测量系统,可以更好地研究与探索生物组织的特性,从而使 EIT 系统可应用到临床图像监护中. 研究适合多频测量系统的有效算法,考虑采用 ICA,研究有效的基于 EIT 的 ICA 算法及算法的收敛性等问题.

（3）研究三维成像系统. 由于人体内部的组织实为三维分布,二维 EIT 图像重建一方面只能反映内部组织的平面变化情况,另一方面有限电极数也限制了成像空间分辨率的提高. 建立三维模型,选择合适的重建算法是目前世界上许多 EIT 研究小组正在致力于研究的课题. 我们也已开展了这方面的研究工作,目前正在进行三维 EIT 正问题的建模工作.

（4）进一步研究与完善 EIT 图像重建算法,特别是对已开始进行探讨的三维 EIT 系统,重点研究有效的重建算法,推荐使用共轭梯度算法进行动态和静态的 EIT 图像重建. 由于共轭梯度算法计算时间短,所占内存小,特别适合大数据量求逆运算,像三维 EIT 系统测量数据多,有限元剖分单元多,因此使用共轭梯度算法是非常有效且合理的. 下一步研究适用于三维 EIT 系统成像的算法性能.

参 考 文 献

1 Webster J G (ed). Electrical Impedance Tomography. Bristol, England: Adawn Hilger, 1990: 1 - 205

2 Frerichs I, Hahn G, Hellige G. Gravity-dependent phenomena in lung ventilation determinined by functional EIT. *Phys. Meas.* , 1996, **17** (Suppl. 4A): 149 - 157

3 Lilliana Borcea. Topical Review: Electrical Impedance Tomography. *Inverse Problems*, 2002, **18**: 99 - 136

4 Brian H Brown. Medical impedance tomography and process impedance tomography: a brief review. *Meas. Sci. Technol*, 2001, **12**, 991 - 996

5 Martin Hanke and Martin Bruhl. Recent progress in electrical impedance tomography. *Inverse Problems*, 2003, **19**: 65 - 90

6 David Holder. Electrical impedance tomography of brain function. *XII International Conference on Electrical Bio -Impedance & V Electrical Impedance Tomography*, Gdansk, Poland, June 20 - 24, 2004: 7 - 12

7 Williams, R. A. M. S. Beck. *Process tomography: principles, techniques and applications*, Butterworth-Heinemann. Oxford, 1995

8 Dorn H. Bertete-Aguirre, J. G. Berryman et al. A non-linear inversion method for 3D electromagnetic imaging using adjoint fields. *Inverse Problems 15*, 1999, **6**: 1523 - 1558

9 Betrero M. , Boocaoci P. , *Introduction to inverse problems in imaging*, Lop, Bristol, 1998

10 Cheney M. , Isaacson D. , Newell J. C. Electrical impedance tomography. *SIAM Review*, 1999, **41**(1): 85 - 101

11 董秀珍，秦明新等. 生物电阻抗断层成像技术的研究进展. 第四军医大学学报, 1999, **3**(20): 252 - 254

12 Barber D. C. , Brown B. H. Applied potehtial tomography. *Phys. E: Sci.*

Instrum., 1984, **17**: 7234 – 733

13　Schwan H. P, Kay C. F. The conductivity of living tissues. *Ann. NY Acad. Sci.*, 1957, **65**: 1007 – 1013

14　Keller G. V. Electrical Properties of Rocks and Minerals, Handbook of Physical Constantsed S P Clarck Jr（New York: Geological Society of America）. 553 – 577

15　Isaacson D, Newell J. C, Saulnier G. J, EIT at RPI. *Proceedings of the XI International Conference on Electrical Bio-Impedance*, Oslo, Norway, June 17 – 21, 2001: 387 – 390

16　Ramirez A, Daily W, Binley B, LaBreque D. , *et al.* Detection of leaks in underground storage tanks using electrical resistance methods. *Environ. Eng. Geophys.*, 1996, **1**: 189 – 203

17　Vaisman N, Weintrop N, Blumental A, *et al.* Gastric emptying in patients with type 1 diabetes mellitus. *Ann. NY Acad. Sci.*, 1999, **873**: 506 – 511

18　Khambete N D, Brown B H, Smallwood R H. Movementartefact rejection in impedance pneumography using sixstrategically placed electrodes. *Physiol. Meas.*, 2000, **21**: 79 – 88

19　In'ez Frerichs. Topical review electrical impedance tomography（EIT）in applications related to lung and ventilation: a review of experimental and clinical activities. *Physiol. Meas.*, 2000, (**21**): R1 – R21

20　Kerner T, Hartov A, Soho S, Poplack S, Paulsen K. Using electrical impedance spectroscopy to image human breast: practical considerations which influence exam consistency. *3rd EPSRC Network Meeting*, UCL, London, 2001

21　侯文生（综述），彭承琳（审校）. 阻抗断层成像中的图像重建技术. 生物医学工程学杂志, 2000, **17**(2): 133 – 140

22　Henderson R P, Webster J G. An impedance camera for spatially specific measurements of the thorax. *IEEE Trans Biomed. Eng.*, 1978, **25**: 250 – 254

23　Brown B H. *Tissue impedance methods Imaging with non-ionising radiations.* Jackson D F (ed). (Guildford: Surrey University Press), 1983

24　Barber D C, Brown B H, Freeston I L. Imaging spatial distributions of resistivity using applied potential tomography. *Electron. Lett*，1983，**19**：93－95

25 Metherall P. Three dimensional electrical impedance tomography of the human thorax. Ph. D Dissertation，Department of Medical Physics and Clinical Engineering，University of Sheffield，1998：1－220

26 Yang W Q，York T. A new ac-based capacitance tomography system. *Proc. IEE*，1999，**146**：47－53

27 Korjenevsky A，Cheripenin V，Sapetsky. A Magnetic induction tomography：experimental realisation. *Physiol. Meas.*，2000，**21**：89－94

28 McCann H，Yang W Q，Polydorides N P. Information retrieval by electrical capacitance tomography：evaluation of an alternative algorithm and the importance of boundary conditions. *1st World Congress on Industrial Process Tomography*（Buxton，April）1999，206－210

29 Griffiths H，Stewart W R，Gough W. Magnetic induction tomography：a measurement system for biological tissue. *Ann NY Acad. Sci.*，1999.**873**：335－345

30 Jin Keun Seo，Ohin Kwon，*et al*. Magnetic Resonance Electrical Impedance Tomography（MREIT）. *XII International Conference on Electrical Bio - Impedance & V Electrical Impedance Tomography*，Gdansk，Poland，June 20－24，2004：19－22

31 http://www. rpi. edu

32 史学涛，董修珍，秦明新等. 多频电阻抗成像中的硬件系统. 国外医学生物医学工程分册，2000，**23**(4)：217－222

33 杜岩，柳重堪，程吉宽. 电阻抗成像的加权 Newton-Raphson 算法. 北京航空航天大学学报，1998，**24**(2)

34 王化祥、徐丽荣等. 基于 RBF 网络和遗传算法的电阻抗图像重建算，中国科技论文在线，http://www. paper. edu. cn

35 Brown B. H. Cardiac and respiratory related electrical impedance changes in the human thorax. *IEEE Trans Biomed Eng.*，1994，**41**(8)：729－733

36 SaKamoto K，Yorkey TJ，Webster JG. Some Physical Results from An Impedance Camera Clin. *Phys Physiol Meas.*，1987，**8**(Suppl A)：71－75

37 Newell JC. An Electric Current Tomograph. *IEEE Trans Biomed Eng.*，

1988，**35**(10)：828 - 833

38 aulnier GJ，Cook RD. A high-speed high-precision electrical impedance tomograph. *Ann Inter Conf of the IEEE Eng in Med and Bio Soc.*，1991，**13**(1)：5 - 6

39 Robert WM，Smith HJ. A real-time electrical impedance tomography system for clicinal use-design and preliminary results. *IEEE Trans Biomed Eng.*，1995，**42**(2)：133 - 140

40 Margaret Cheney，David Isaacsony，Jonathan C，Newelly. Electrical impedance tomography, *SIAM Review.*，1999，**41**(1)：85 - 101

41 http：//www. eastimage. com. cn

42 Nicholas Polydorides. "Image reconstruction algorithms for soft-field tomography" Ph. D. 2002，9. University of Manchester Institute of Science and Technology，United Kindom

43 Andrea Borsic BSc. "Regularisation methods for imaging from electrical measurements"，Ph. D. July 2002 School of Engineering Oxford Brookes University

44 Demidenko E，Hartov A，Paulsen Statistical K. Estimation of resistance/ conductance by electrical impedance tomography measurements. *MedImg*，2004，**7**(23)，829 - 838

45 Boone K，Barber D，Brown D. Imaging with electricity：Report of the European Concerted Action on Impedance Tomography. *Journal of Medical Engineering and Technology*，1997，**21**(6)：201 - 232

46 汤孟兴，董秀珍，秦明新，等. 在改进的有限元模型上实现一种较严格的动态电阻抗断层成像算法. 生物医学工程学杂志，1998，**15**(2)：158 - 162

47 Cícero Ribeiro de Lima，Emílio Carlos Nelli Silva. A method to build images from electrical impedance tomography based on topology optimization. *Inverse Problems*，*Design and Optimization Symposium*，Rio de Janeiro，Brazil，2004

48 Geselowitz D. B. An application of electrocardiographic lead theory to impedance plethysmography. *IEEE Transactions on Biomedical Engineering*，1971，**18**：38 - 41

49 Lehr J. A vector derivation useful in impedance plethysmographic field

calculation. *IEEE Transactions on Biomedical Engineering*，1972，**19**：156 -157

50　Dobson D. C. Recovery of blocky images in electrical impedance tomography Engl H. W. , Louis A. K. and Rundell W. Ed. *Inverse Problems in Medical Imaging and Nondestructive Testing*，New York：Springer Wien，1996：43 - 64

51　Cunkui Huang，Jinhee Lee，William W Schultz，*et al*. Singularity image method for electrical impedance tomography of bubbly flows. *Inverse Problems*. 2003，**19**：919 - 931

52　严杰，郭红星，常鸿森等. 一种新的基于敏感场变换的电容层析成像算法. 电路与系统学报，1999，4(2)：80 - 85

53　侯卫东，莫玉龙. 动态电阻抗图像重建的正则化方法. 计算机工程，2001，**29**(5)：446 - 454

54　Wang. Inverse solutions for electrical impedance tomography based on conjugate gradients methods. *Meas. Sci. Technol.* 2002. **13**：101 - 117

55　Robert M West，Henri S Tapp，Spink D Mark ，*et al*. Application-specific optimization of regularization for electrical impedance tomography. *Meas. Sci. Technol.* ，2001，**12**：1050 - 1054

56　James L Wheeler，Wang Wei，Tang Mengxing. A comparison of methods for measurement of spatial resolution in two-dimensional circular EIT images. *Physiol. Meas.* 2002，**23**：169 - 176

57　Michae Lukaschewitsch，Peter Maass，Michae Pidcock. Tikhonov regularization for electrical impedance tomography on unbounded domains. *Inverse Problems*，2003，**19**：585 - 610

58　Mueller J. L. ，Isaacson D. ，Newell J. C. A reconstruction algorithm for EIT data collected on rectangular electrode arrays. *IEEE Transactions on Biomedical Engineering*，1999，**46**(11)：1379 - 1386

59　Hou Wei Dong，Mo Yu Long. A new image reconstruction method for electrical impedance tomography. *Proceedings of SPIE*，2000，**4224**：64 - 67

60　lmi R. ，Bini M. ，Priori S. Agenetic algorithm approach to image reconstruction in electrical impedance tomography. *IEEE Transactions on*

Evolutionary Computation，2000，**4**(1)：83 - 88

61 董秀珍，秦明新，汤孟兴.电阻抗断层成像系统及重构算法. 第四军医大学
学报，1999，**20**(3)：218 - 219

62 Lasse M Heikkinen, Tanja Vilhunen, Robert M West，et al. Simultaneous
reconstruction of electrode contact impedances and internal electrical
properties：II. Laboratory experiments. *Meas. Sci. Technol.*，2002，**13**：
1855 - 1861

63 Tang Mengxing，Wang Wei，James Wheeler，*et al*. The number of
electrodes and basis functions in EIT image reconstruction. *Physiol. Meas.*，
2002，**23**：129 - 140

64 Clayand M. T.，Ferree T. C. Weighted Regularization in electrical
impedance tomography with applications to acute cerebral stroke. *IEEE
Transactions on Medical Imaging*，2000，**21**(6)：629 - 637

65 侯卫东. 电阻抗断层图像中图像重建的研究. 上海：上海大学，2002：
45 - 58

66 Lahtinen J. , Martinsen, T. , Lampinen J. Improved rotational invariance for
statistical inverse in electrical impedance tomography. *Proceedings of the
IEEE-INNS-ENNS*，2000，**2**：154 - 158

67 Nejatali A. , Ciric I. R. An iterative algorithm for electrical impedance
imaging using neural networks. *Magnetics*，*IEEE Transactions on* 1998，**34**
(5)1：2940 - 2943

68 侯卫东,莫玉龙.基于反向传播神经网络的阻抗断层图像重建新方法. 光学
学报,2002，**22**(12)：1475 - 1478

69 侯卫东,莫玉龙. 静态阻抗断层图像重建新方法. 电子学报,2003，**31**(7)：
1083 - 1085

70 Olmi R. , Bini M. , Priori S. A genetic algorithm approach to image
reconstruction in electrical impedance tomography. *Evolutionary
Computation*，*IEEE Transactions on*，2000，**4**(1)：83 - 88

71 Schmitt U, KLouis A, Wolters C, Vauhkonen M. Efficient algorithms for
the regularization of dynamic inverse problems：II. Applications. *Inverse
Problems*，2002，**18**：659 - 676

72 Zou Y. , Guo Z. A review of electrical impedance techniques for breast

cancer detection. *Medical Engineering & Physics*, 2003, **25**: 79–90

73　田海燕. 电阻抗断层技术理论和实践的研究, 重庆: 重庆大学, 2002

74　Cook R. D., Salunier G. J., Gisser D. G., Goble J. C., Newell J. C., Isaacson D. ACT3: High-speed, high-precision electrical impedance tomography. *IEEE Trans. Biomed. Imag.*, 1994, **41**: 713–722

75　Metherall P. *Three dimensional electrical impedance of the human thorax*. Ph. D Dissertation, Department of Medical Physics and Clinical Engineering, University of Sheffield, 1998, 1–220

76　Fangohr Molinari H, Generowicz J, *et al*. Finite element optimizations for efficient non-linear electrical tomography reconstruction. *2nd World Congress on Industrial Process Tomography*, 29–31 August 2001. Hannover. Germany. 406–417

77　侯卫东, 等. 电阻抗成像中有限元法的算法实现. 上海大学学报(自然科学版), 2000, **6**(4): 343–346

78　Bayford R H, Gibson A, Tizzard A, *et al*. Solving the forward problem in electrical impedance for the human head using IDEAS (integrated design engineering analysis software), a finite element modelling tool. *Physiol. Meas.*, 2001, **22**: 55–64

79　Mo Yulong, Sun Meiling, Zhang Weimin, *et al*. Electrical impedance tomography image based on non-uniformity fine mesh. *Proceedings of the XI International Conference on Electrical Bio-Impedance*, Oslo, Norway, June 17–21, 2001: 481–486

80　Sikora J, Arridge S. R., Bayford R. H., *et al*. The application of hybrid BEM/FEM methods to solve electrical impedance tomography's forward problem for the human head. *XII International Conference on Electrical Bio-Impedance & V Electrical Impedance Tomography*. Gdansk. Poland, June 20–24. 2004: 503–506

81　Andrew Tizzard, Richard H Bayford, Lior Horesh, *et al*. Effects of warping finite element meshes for the forward model of the head in EIT. *XII International Conference on Electrical Bio-Impedance & V Electrical Impedance Tomography*. Gdansk. Poland, June 20–24. 2004: 495–498

82　Molinari M, *et al*. Optimal imaging with adaptive mesh refinement in electrical impedance tomography. *Phys Meas.* , 2002, **23**: 121 – 128

83　Neumaier A. Solving ill-conditioned and singular systems: Atutorial on regularization. *SLAM Review*, 1998, **40** (3): 636 – 666

84　Knudsen Kim. A new direct method for reconstructing isotropic conductivities in the plane. *Physiol. Meas.* , 2003, **24**: 391 – 401

85　Vauhkonen M. , Karjalainen P. A. , Kaipio J. P. A Kalman filter approach to track fast impedance changes in electrical impedance tomography. *IEEE Transactions on Biomedical Engineering*, 1998, **45** (4): 486 – 493

86　Schmitt U, Louis A K, Wolters C, *et al.* Efficient algorithms for the regularization of dynamic inverse problems: II. Applications. *Inverse Problems.* , 2002, **18**: 659 – 676

87　Movafeghi Amir, Ali R. Nateghi, Manouchehr Soleimani, *et al.* Image reconstruction algorithms for SUT – 1 EIT system. *XII International Conference on Electrical Bio -Impedance & V Electrical Impedance Tomography.* , Gdansk. Poland, June 20 – 24. 2004: 579 – 582

88　Rebecca J. Yerworth, Lior Horesh, Richard H. Bayford, *et al.* Robustness of linear and nonlinear reconstruction algorithms for brain EIT's non-linear-Is it worth the effort? *XII International Conference on Electrical Bio -Impedance & V Electrical Impedance Tomography*, Gdansk. Poland, June 20 – 24. 2004: 499 – 502

89　Rao Liyun, He Renjie, Wang Youhua, *et al.* An efficient improvement of modified Newton-Raphson algorithm for electrical impedance tomography. *Magnetics, IEEE Transactions on*, 1999, **35** (3) 3: 1562 – 1565

90　Paivi J. Vauhkonen, Marko Vauhkonen, *et al.* Iterative image reconstruction in the three-dimensional electrical impedance tomography. *InverseProblems, Design and Optimization Symposium* RiodeJaneiro, Brazil, 2004

91　Kyung Youn Kim, *et al.* " Regularized Modified Newton Raphson Algorithm for Electrical Impedance Tomography Based on the Exponentially Weighted Least Square Criterion". *Proc. of TENCON*, 2000, **1**: 64 – 68

92　Dong Guoya, Bayford Richard H, Gao Shangkai, *et al.* The application of the generalized vector sample pattern matching method for E IT image reconstruction. *Physiol. Meas.* , 2003, **24**: 449 - 466

93　Hou Weidong and Mo Yulong, New regularized image reconstruction for electrical impedance tomography. *Proceedings of SPIE*, 2001, **4552**: 286 - 291

94　Michael Lukaschewitsch, Peter Maass, and Michael Pidcock. Tikhonov regularization for electrical impedance tomography on unbounded domains. *Inverse Problems.* 2003, **19**: 585 - 610

95　Tikhonov A. N. , Arsenin V. Y. *Solution of ill-posed problems.* Winston. Washing DC, 1997

96　Qin M. X. , Dong X. Z. , You F. S. , *et al.* Preliminary system of electrical impedance tomography based on Windows95 platform for detectiong lung function. *Proceedings of the XI International Conference on Electrical Bio-Impedance*, Oslo, Norway, June 17 - 21. 2001: 421 - 425

97　Kerner Todd E , Hartov Alex , Osterman K Sunshine , *et al.* An improved data acquisition method for electrical impedance tomography. *Physiol. Meas.* , 2001, **22**: 31 - 38

98　Ross Alexander S , Saulnier G J, Newell J C, Isaacson D. Current source design for electrical impedance tomography. *Physiol. Meas.* , 2003, **24**: 509 - 516

99　Soni Nirmal K , Dehghani Hamid , Hartov Alex, *et al.* A novel data calibration scheme for electrical impedance tomography. *Physiol. Meas.* , 2003, **24**: 421 - 435

100　Yerworth R J, Bayford R H, Cusick G, Mconway, Holder D S. Design and performance of the UCLH Mark 1b 64channel electrical impedance tomography (EIT) system, optimized for imaging brain function. *Physiol. Meas.* , 2002, **23**: 149 - 158

101　Polydorides Nick, Cann Hugh Mc. Electrode configurations for improved spatial resolution in electrical impedance tomography. *Meas. Sci. Technol.* , 2002, **13**: 1862 - 1870

102　Mueller Jennifer L, Isaacson David, Newell Jonathan C. Reconstruction of conductivity changes due to ventilation and perfusion from EIT data collected on a rectangular electrode array. *Physiol. Meas.* , 2001, **22**: 97 - 106

103 Ollmarla Stig, Nicanderb Ingrid, Åberga Peter. Skin Bioimpedance — on the outside and Inside out. *XII International Conference on Electrical Bio - Impedance & V Electrical Impedance Tomography.* Gdansk. Poland, June 20 -24 2004: 343 - 346

104 Bertemes P. , Filhola R. G, Limaa M. B. P, Amatob. Capacitive-compensated current source used in electrical impedance tomography. *XII International Conference on Electrical Bio -Impedance & V Electrical Impedance Tomography.* Gdansk. Poland, June 20 - 24. 2004: 645 -648

105 Chris McLeod, Dimitar Kavalov, Alex Yue OXBACT5. Next Generation Multiple-Source Tomography. *XII International Conference on Electrical Bio -Impedance & V Electrical Impedance Tomography.* Gdansk. Poland, June 20 -24, 2004: 641 - 644

106 严忠明. 电阻抗成像数据采集系统的研究. 上海：上海大学, 2005

107 史学涛,董秀珍.电阻抗参数成像数据采集系统中三种电压-电流转换器的比较.第四军医大学学报,2001, **22**(1)

108 Molinari M, Cox S J, Blott B H, Daniell G J. Adaptive mesh refinement techniques for electrical impedance tomography. *Physiol. Meas*, 2001, **22**: 91 - 96

109 Zhang Weimin, Mo Yulong. Improve spatial resolution of electrical impedance tomography image based on non-uniformity fine mesh. *Journal of Shanghai University*, 2000, **4**(1): 42 - 46

110 M Molinari, *et al*. Optimal imaging with adaptive mesh refinement in electrical impedance tomography. *Phys Meas*. 2002. **23**: 121 - 128

111 严佩敏,莫玉龙等. 一种改善空间分辨率的电阻抗成像技术. 中国图像图形学报,2003, **8** (特): 496 - 498

112 Yan peimin, *et al*. Imaging the electrical impedance tomography using adaptive mesh refinement. *XII International Conference on Electrical Bio-Impedance & V Electrical Impedance Tomography*, Gdansk. Poland, June 20 -24, 2004: 483 - 486

113 Rao Liyun，He Renjie，Wang Youhua，*et al*. An efficient improvement of modified Newton-Raphson algorithm for electrical impedance tomography. *IEEE Transactions on Magnetics*，1999，**35**(3)3：1562–1565

114 Hanke M. Conjugate gradient type methods for ill-posed problems. *Scientific & Technical*，Longman，Essex，1995

115 Martinsen Φrjan G. Electrode system and sensitivity fields. *XII International Conference on Electrical Bio -Impedance & V Electrical Impedance Tomography*. Gdansk. Poland，June 20–24，2004：737–738

116 Kauppinen Pasi，Malmivuo Jaakko. Sensitivity simulations of impedance tomography electrode combinations. *XII International Conference on Electrical Bio -Impedance & V Electrical Impedance Tomography*，Gdansk. Poland，June 20–24，2004：723–726

117 Vogel C. R. Computational methods for inverse problems. SIAM，Philadelphia，2002

118 Dorm. A transport-backtransport method for optical tomography. *Inverse Problems* 14，1998：1107–1130

119 S. Boyd，Vandenberghe L. *Convex Optimization*. SIAM，Philadelphia，2001

120 Barber D. C. ，Brown B. H. Recent developments in applied potential tomography-APT，Bacharach S. L. Ed. *Information Processing in Medical Imaging*. Martinus Nijhoff Publishers，1986：106–121

121 Geselowitz D. B. An application of electrocardiographic lead theory to impedance plethysmography. *IEEE Transactions on Biomedical Engineering*，1971，**18**：38–41

122 Lehr J. A vector derivation useful in impedance plethysmographic field calculation. *IEEE Transactions on Biomedical Engineering*，1972，**19**：156–157

123 王超，王化祥. 基于阈值的广义逆电阻抗成像的重建算法. 中国科技论文在线. http://www. paper. edu. cn.

124 Huang Cunkui，Lee Jinhee，Schultz William W，*et al*. Singularity image method for electrical impedance tomography of bubbly flows. *Inverse Problems*，2003，19：919–931

125 Yorkey T. J, *et al*. Comparing reconstruction algorithm for electrical impedance. *IEEE Trans BEM*, 1987, **34**(11): 843-852

126 Duck F. A. *Physical properties of tissue-a comprehensive reference book*. London: Academic Press, 1990: 167-223

127 王慧艳，综述，任超世，审. 生物电阻抗法测量人体组成成分. 国外医学生物医学工程分册, 1996, **19**(2): 96-103

128 Gabriel C., Gabriel S., Corthout E. The dielectric properties of biological tissues: I. Literature survey. *Phys. Med. Biol.*, 1996, **41**: 2231-2249

129 Gabriel S., Lau R. W., Gabriel C. The dielectric properties of biological tissues: II. Measurements in the frequency range 10 Hz to 20 GHz. *Phys. Med.*, 1996, **41**: 2251-2269

130 Jossinet J., Trillaud C. Imaging the complex impedance in electrical impedance tomography. *Clin. Phys. Physiol. Meas.*, 1992, **13**(Suppl. A): 47-50

131 严佩敏,陈崟君,王朔中. 基于自适应有限元网格细分法的电阻抗断层成像技术. 吉林大学学报（工学版）,2004,**34**(增): 335-338

132 Yan peimin, Mo yulong. Imaging the complex conductivity distribution in electrical impedance tomography. *Modelling and control in biomedical systems. Elsevier IFAC publications*, 2003: 73-76

133 涛,董秀珍,秦明新等. 用于电阻抗断层成像的多频波形发生器的设计. 第四军医大学学报,1998,**19**(S): 4-6

134 史学涛，董秀珍，秦明新等. 多频电阻抗断层成像中的硬件系统. 国外医学生物医学工程分册, 2000, **23**(4): 217-222

135 杨行君，郑君里.人工神经网络与盲信号处理.清华大学出版社,2003, 1

136 杨竹青，李勇,胡德文. 独立成分分析方法综述. 自动化学报,2002. **28**(5): 762-772

137 Jutten C, Herault J. Independent component analysis versus PCA. In: *Proceeding of European Signal Processing Conf*, 1988, 287-314

138 Zhukov L, Weinstein D, Johnson C. Independent component analysis for EEG source localization in realistic head models. *IEEE Engineering in Medicine and Biology*, 2000, **9**: 87-96

139 吴小培，冯焕清等. 独立分量分析及其在脑电信号预处理中的应用. 北京生物医学工程，2001，**20**(1)：35 - 37，46

140 杨福生，洪波等. 独立分量分析及其在生物医学工程中的应用. 国外医学生物医学工程分册，2000，**23**(3)：129 - 134，188

141 全政，高小榕等. 胸阻抗信号中的呼吸波的去除. 清华大学学报（自然科学版），2000，**40**(9)：13 - 16

142 Lee Te-Won, *et al*. Independent component analysis using an extended infomax algorithm for mixed subgaussion and supergaussion sources. *Neural Computation*, 1999, **11**：417 - 441

143 Yan peimin, *et al*. Reconstruction algorithm for electrical impedance tomography based on independent component analysis. *XII International Conference on Electrical Bio -Impedance & V Electrical Impedance Tomography*. Gdansk. Poland，June 20 - 24, 2004：559 - 562

144 Yan peimin, Mo yulong. Using independent component analysis for electrical impedance tomography. *Conference on Image Processing — Algorithms and Systems III (SPIE)*. 2004, **5298**：447 - 454

145 Yan Peimin Wang Shuozhong. Estimation of locating the multiconductivity distribution in electrical impedance tomography using ICA. *Proceedings of SPIE*, 2005, **5630**：523 - 530

146 彭源. 医学电阻抗成像研究. 上海：上海大学，2004，33 - 40

致　　谢

　　值此博士论文完成之际，我已按捺不住心中的喜悦与激动，多年的寒窗苦读，多少的日日夜夜，所有的辛勤耕耘终于有了收获. 回想这篇论文诞生之际，首先我要衷心地感谢我的恩师莫玉龙教授，他渊博的知识、兢兢业业、一丝不苟的工作作风使我一生都受益匪浅，虽然莫老师已经离我们而去，但是他的精神永远活在我们心中，是他将我领入了图像处理与模式识别这一领域，我对他的感激之情是无法用语言来表达的.

　　本论文后一阶段是在王朔中教授的精心指导下完成的，论文的字里行间都浸透着王老师辛勤的汗水，王老师在繁忙的科研、工作的同时还始终不厌其烦、毫无保留地帮助我、指导我，王老师平易近人的导师风范、活跃的学术思想、敏锐的洞察力始终为我所钦佩. 在王老师的耐心指导和悉心帮助下，使我少走了许多弯路，从而得以顺利地完成毕业课题和学位论文. 王老师严谨的治学态度、高瞻远瞩的学术思想使我受益匪浅，终生难忘，在此向他表示最衷心的感谢.

　　此外，还要感谢通信学院及图像处理实验室的所有关心我的老师和同学，没有他们的帮助就没有我今天的成果. 他们是徐得名教授、张兆扬教授、汪敏教授、陈惠民教授、叶家骏教授、杨建国副研、陈泉林副教授、潘志浩副教授、彭章友副教授、罗伟栋博士以及其他的一些老师. 非常感谢侯卫东、彭源、孟蜀锴、王青海、王明祥、张庆利等师兄对本论文的帮助，感谢严忠明、张卫民、林磊、夏晨等硕士对本论文的帮助.

　　同时还要特别感谢我的家人，我妈妈、丈夫、女儿、姐姐等，感谢他们多年来一直默默地关心、帮助和支持我，他们对我无私的爱是我一直前进的动力. 正是有了他们无私的关爱，使我得以顺利完成博士学位的攻读. 尤其是我女儿, 这几年在生活和学习上没有很好的照顾她, 今天我要对她说, 妈妈终于获得了成功, 多年的寒窗苦读和辛勤耕耘终于获得了收获, 我的博士论文是给女儿最好的礼物. 谢谢女儿, 你的进步也是对妈妈最好的回报, 妈妈爱你.

感谢国家自然科学基金、上海市高校科技发展基金和蔡冠深教育奖励基金的大力支持.

最后, 感谢所有曾经关心和帮助过我的老师们、同学们和朋友们!

严佩敏

2005 年 4 月